技工院校一体化课程教学改革数控加工专业教材

配合件数控铣床加工

人力资源和社会保障部教材办公室组织编写

中国劳动社会保障出版社

内容简介

本书主要内容包括：信笺笔座配合件的数控铣加工、侧面圆弧配合件的数控铣加工、二次曲线配合件的数控铣加工、薄壁插槽配合件的数控铣加工、笑脸正五边形的数控铣加工等。

图书在版编目(CIP)数据

配合件数控铣床加工/人力资源和社会保障部教材办公室组织编写. —北京：中国劳动社会保障出版社，2014

技工院校一体化课程教学改革数控加工专业教材

ISBN 978-7-5167-1478-2

Ⅰ.①配… Ⅱ.①人… Ⅲ.①数控机床-铣床-零部件-加工-技工学校-教材 Ⅳ.①TG547

中国版本图书馆 CIP 数据核字(2014)第 216227 号

中国劳动社会保障出版社出版发行

（北京市惠新东街1号　邮政编码：100029）

*

北京市艺辉印刷有限公司印刷装订　新华书店经销

787毫米×1092毫米　16开本　12印张　214千字

2014年9月第1版　2024年5月第6次印刷

定价：24.00元

营销中心电话：400-606-6496

出版社网址：http://www.class.com.cn

http://jg.class.com.cn

技工院校一体化课程教学改革教材编委会名单

编审人员

主　编：张彩霞
参　编：周春然　朱龙飞
顾　问：朱永亮　张利芳　张晓梅

序

人才是我国经济社会发展的第一资源，技能人才是人才队伍的重要组成部分。党中央、国务院高度重视技能人才队伍建设工作，2009 年 12 月，胡锦涛总书记在视察珠海市高级技工学校时指出："没有一流的技工，就没有一流的产品"、"技能型人才在推进自主创新方面具有不可替代的重要作用"。技工院校是系统培养技能人才的重要基地。多年来，技工院校始终紧紧围绕国家经济发展和劳动者就业，以满足经济发展和企业对技术工人的需求为办学宗旨，形成了鲜明的办学特色，为国家培养了大批生产一线技能劳动者和后备高技能人才。

当前，我国处于全面建设小康社会的关键时期，随着加快转变经济发展方式、推进经济结构调整以及大力发展高端制造产业等新兴战略性产业，迫切需要加快培养一大批具有精湛技能和高超技艺的技能人才。为了遵循技能人才成长规律，切实提高培养质量，进一步发挥技工院校在技能人才培养中的基础作用，从 2009 年开始，我部借鉴国内外职业教育先进经验，在全国 17 个省（区、市）的 30 所技工院校启动了一体化课程教学改革试点工作，推进以职业活动为导向，以校企合作为基础，以综合职业能力培养为核心，理论教学与技能操作融合贯通的一体化课程教学改革。这项改革试点将传统的以学历为基础的职业教育转变为以职业技能为基础的职业能力教育，促进了职业教育从知识教育向能力培养转变，努力实现"教、学、做"融为一体，收到了积极成效。改革试点得到了学校师生的充分认可，普遍反映一体化课程教学改革是技工院校一次"教学革命"，学生的学习热情、教学组织形式、教学手段和学生的综合素质都发生了根本性变化。试点的成果表明，一体化课程教学改革是转变技能人才培养模式的重要抓手，是推动技工院校改革发展的重要举措，也是人力资源社会保障部门加强技工教育和在职业培训工作的一个重点项目。

教学改革的成果最终要以教材为载体进行体现和传播。根据我部推进一体化课程教学改革的要求，一体化课程改革专家、几百位试点院校的骨干教师以及中国人力资源和社会保障出版集团的编辑团队，用了三年多的时间，组织实施了一体化课程教学改革试点，并将试点中形成的课程成果进行了整理、提炼，汇编成“活页”教材。这套教材不仅在形式上打破了传统教材的编写模式，而且在内容上突破了传统教材的结构体例，在国内职业教育培训教材领域中均属首创。这套教材及配套资料的出版，不仅是本次一体化课程教学改革试点工作的阶段性总结，也是一体化课程教学改革不断深化和全面推广的一个起点。希望全国技工院校将一体化课程教学改革作为创新人才培养模式、提高人才培养质量的重要抓手，进一步推动教学改革，促进内涵发展，提升办学质量，为加快培养合格的技能人才作出新的更大贡献！

人力资源和社会保障部副部长

王晓初

二〇一二年八月

活页式教材使用说明

◆ 页码编排方式

为了更加方便地在教材中增删和替换内容，页码采用“学习任务编号－学习活动编号－页码号”三级编排形式，如“3–2–4”表示“学习任务三”的“学习活动2”的第4页。

◆ 过程评价表使用方法

教材中设计了“自评表”、“互评表”、“教师总评表”、“综合评价表”等评价表格，表头上有“班级”、“姓名”、“学号”等信息栏，从活页教材中取出评价表填写后可以单独提交。

◆ 教材内容更新方法

中国人力资源和社会保障出版集团将根据一体化课程教学改革的推进以及科学技术的发展和不同地域的需要，不断补充和更新教材中的学习任务和学习活动，学校可以从“一体化课程教学改革教学资源网（http：//zyjy.class.com.cn）”下载（需在网站注册）。通过网站还可以了解到更多的一体化课程教学改革信息和下载相关资源。

◆ 便携式活页夹和 PVC 保护板使用方法

使用教材中附赠的便携式活页夹，可以灵活方便地将教材中部分内容携带至一体化教学场地。教材内附的整张 PVC 保护板可以作为学习记录垫板使用。

◆ 参考用书选用方法

在学习过程中，学生需要查阅大量参考资料，下表为中国人力资源和社会保障出版集团出版的适宜本专业一体化教学使用的参考书目录。

数控加工 / 机床切削加工专业一体化教学参考书目录（高级阶段）

序号	书号	书名
1	978-7-5045-9093-0	机械制图（第三版）
2	978-7-5045-9035-0	机械基础
3	978-7-5045-9021-3	金属材料及热处理
4	978-7-5045-8957-6	极限配合与技术测量（第四版）
5	978-7-5045-9000-8	机械制造工艺学
6	978-7-5045-9013-8	工程力学
7	978-7-5045-9008-4	电工学
8	978-7-5045-8993-4	金属切削原理与刀具（第四版）
9	978-7-5045-8921-7	机床夹具（第四版）
10	978-7-5045-9043-5	液压传动与气动技术
11	978-7-5045-8999-6	机床电气控制（第二版）
12	978-7-5045-9391-7	高级车工工艺与技能训练（第二版）
13	978-7-5045-7443-5	高级铣工工艺与技能训练
14	978-7-5045-9549-2	数控加工工艺学
15	978-7-5045-9541-6	数控机床编程与操作（数控车床分册）
16	978-7-5045-9830-1	数控机床编程与操作（数控铣床　加工中心分册）
17	978-7-5045-9423-5	CAD/CAM应用技术（UG）
18	978-7-5045-9667-3	CAD/CAM应用技术（Pro/E）
19	978-7-5045-9852-3	CAD/CAM应用技术（Mastercam）
20	978-7-5045-9732-8	CAD/CAM应用技术（CAXA）

目　录

学习任务一　信笺笔座配合件的数控铣加工

学习目标

1. 能根据加工任务，讨论并制订合理的工作计划。

2. 能正确分析信笺笔座配合件的零件图和装配图，确定加工基准和装配基准，并在图样上标注。

3. 能借助技术手册、网络等渠道查阅资料，并分析加工工艺，选择切削用量、刀具及工装夹具，预估加工工时。

4. 能正确编制信笺笔座配合件的加工程序。

5. 能正确应用平口钳和三爪自定心卡盘对工件进行多工位装夹。

6. 能正确选用铰刀、立铣刀、面铣刀、倒角钻等刀具，并熟练使用。

7. 能根据加工要求，正确操作数控铣床，完成信笺笔座配合件的数控加工。

8. 能根据信笺笔座配合件图样，合理选择检验工、量具，确定检测方法和记录几何误差值。

9. 能根据测量结果分析误差产生的原因，并改进工艺。

10. 能进行工时及成本核算。

11. 能规范进行机床保养和维护、清理场地、归置物品，完成交接班工作。

12. 能主动获取有效信息，展示工作成果，对学习与工作进行反思总结，并能与他人开展良好合作，进行有效沟通。

80 学时

工作情境描述

某文具公司经过市场调研，新开发设计了 360°可旋转信笺笔座，用于参加某展览会。现委托数控加工组加工 30 套，来料加工，材料为 45 钢，毛坯尺寸分别为 ϕ55 mm × 30 mm 和 ϕ50 mm × 40 mm，交货期为 13 天。

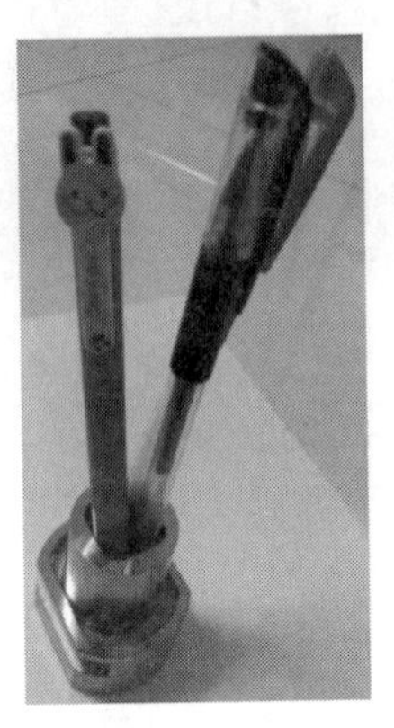

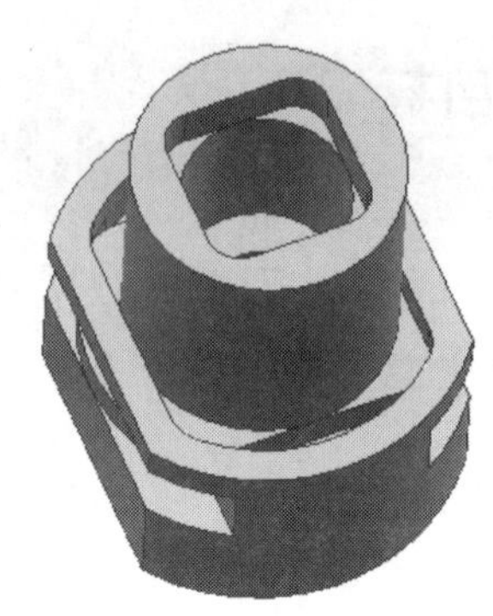

工作流程与活动

1. 信笺笔座配合件的加工工艺分析与编程（36 学时）
2. 信笺笔座配合件的加工（34 学时）
3. 信笺笔座配合件的检验与质量分析（6 学时）
4. 工作总结与评价（4 学时）

学习活动1　信笺笔座配合件的加工工艺分析与编程

学习目标

1. 能认真阅读生产任务单，分析任务特点并制订工作计划。

2. 能正确识读信笺笔座配合件的零件图和装配图。

3. 能运用CAXA电子图板或AutoCAD软件完成图形绘制，并能正确打印输出。

4. 能确定信笺笔座配合件的定位装夹方式。

5. 能根据铰刀、立铣刀、盘铣刀、倒角钻等的用途，正确选择加工所用刀具。

6. 能正确填写信笺笔座配合件的加工工艺卡。

7. 能根据所用刀具材料及加工对象，查阅相关资料，确定切削用量。

8. 能根据加工工艺分析，合理制订每道加工工序。

9. 能正确填写信笺笔座配合件的加工工序卡。

10. 能运用CAXA电子图板或AutoCAD软件，正确找出图样中主要基点坐标值。

11. 能根据子程序的概念和格式，正确完成轮廓分层切削的程序编制。

12. 能根据图样尺寸要求，合理选择和应用孔加工固定循环指令，特别是铰孔指令。

13. 能根据加工路线制订原则，合理确定零件不同轮廓面的加工路线，并找出其编程原点。

14. 能正确编制信笺笔座配合件的加工程序，并填写程序卡。

建议学时　36学时

学习过程

一、阅读生产任务单

生产任务单

<table>
<tr><td colspan="2">需方单位名称</td><td colspan="2"></td><td>完成日期</td><td colspan="2">年 月 日</td></tr>
<tr><td>序号</td><td>产品名称</td><td>材料</td><td>数量</td><td colspan="3">技术标准和质量要求</td></tr>
<tr><td>1</td><td>信笺笔座配合件</td><td>45 钢</td><td>30 套</td><td colspan="3">按图样要求</td></tr>
<tr><td>2</td><td></td><td></td><td></td><td colspan="3"></td></tr>
<tr><td>3</td><td></td><td></td><td></td><td colspan="3"></td></tr>
<tr><td>4</td><td></td><td></td><td></td><td colspan="3"></td></tr>
<tr><td colspan="2">生产批准时间</td><td>年 月 日</td><td>批准人</td><td></td><td></td><td></td></tr>
<tr><td colspan="2">通知任务时间</td><td>年 月 日</td><td>发单人</td><td></td><td></td><td></td></tr>
<tr><td colspan="2">接单时间</td><td>年 月 日</td><td>接单人</td><td></td><td>生产班组</td><td>数控加工组</td></tr>
</table>

1．本任务要加工零件的材料是什么？它属于哪种碳素钢？此类材料的性能有哪些特点？

2．本任务加工的信笺笔座要求360°可旋转，难点主要体现在哪些方面？

3. 本任务工期为13天，依据任务要求，制订合理的工作计划，并根据小组成员的特点进行分工。

序号	工作内容	时间	成员	负责人
1	工艺分析			
2	工序制订			
3	编制程序			
4	数控铣床加工			
5	成品检验与质量分析			

二、图样分析

信笺笔座配合件如下图所示。

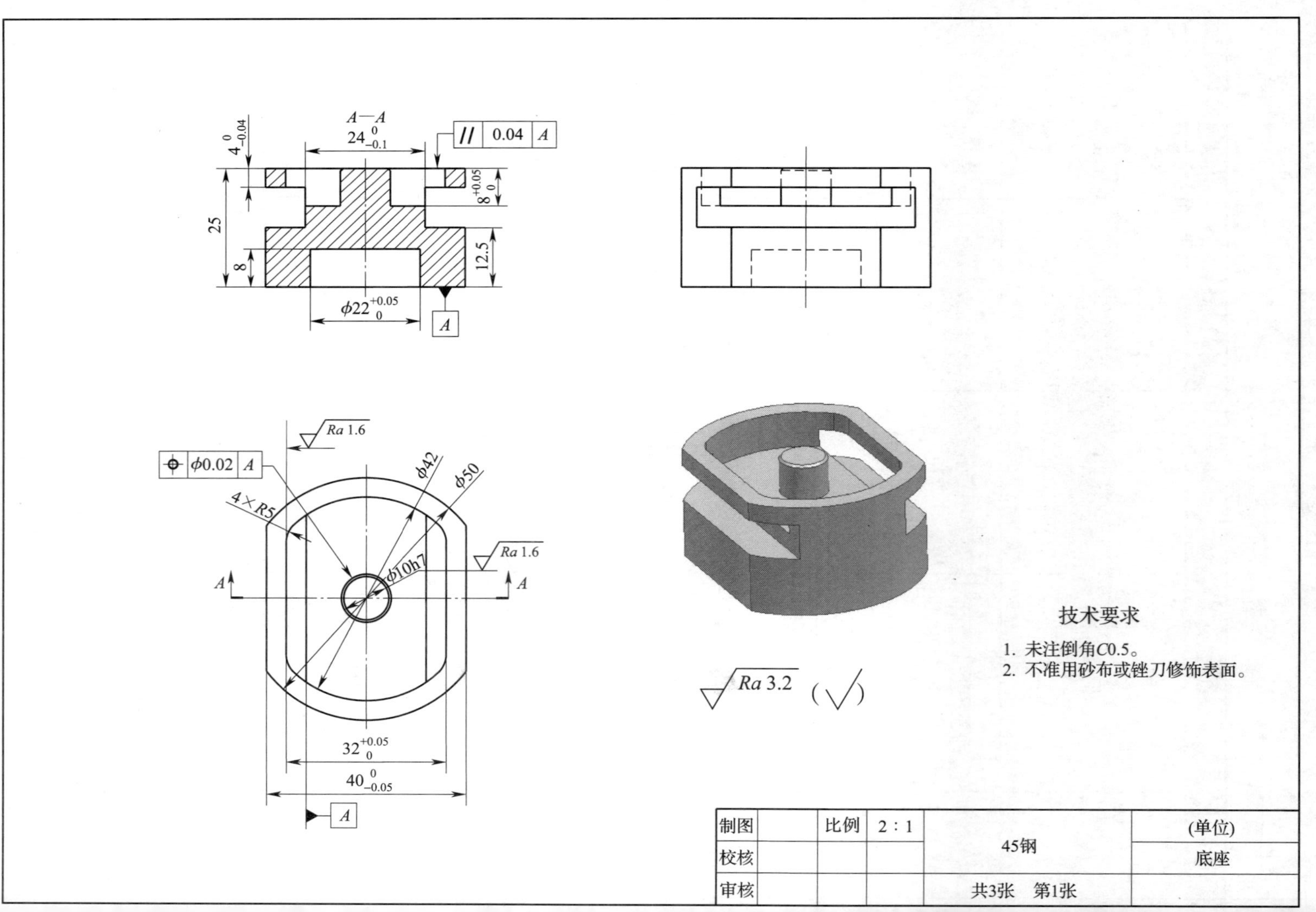
A—A
24 0 -0.1
4 0 -0.04
// 0.04 A
8 +0.05 0
25
8
12.5
φ22 +0.05 0
A
Ra 1.6
φ0.02 A
4×R5
φ42
φ50
φ10h7
Ra 1.6
A
A
32 +0.05 0
40 0 -0.05
A
技术要求
1. 未注倒角C0.5。
2. 不准用砂布或锉刀修饰表面。
Ra 3.2 (√)
制图
校核
审核
比例 2:1
45钢
共3张 第1张
(单位)
底座

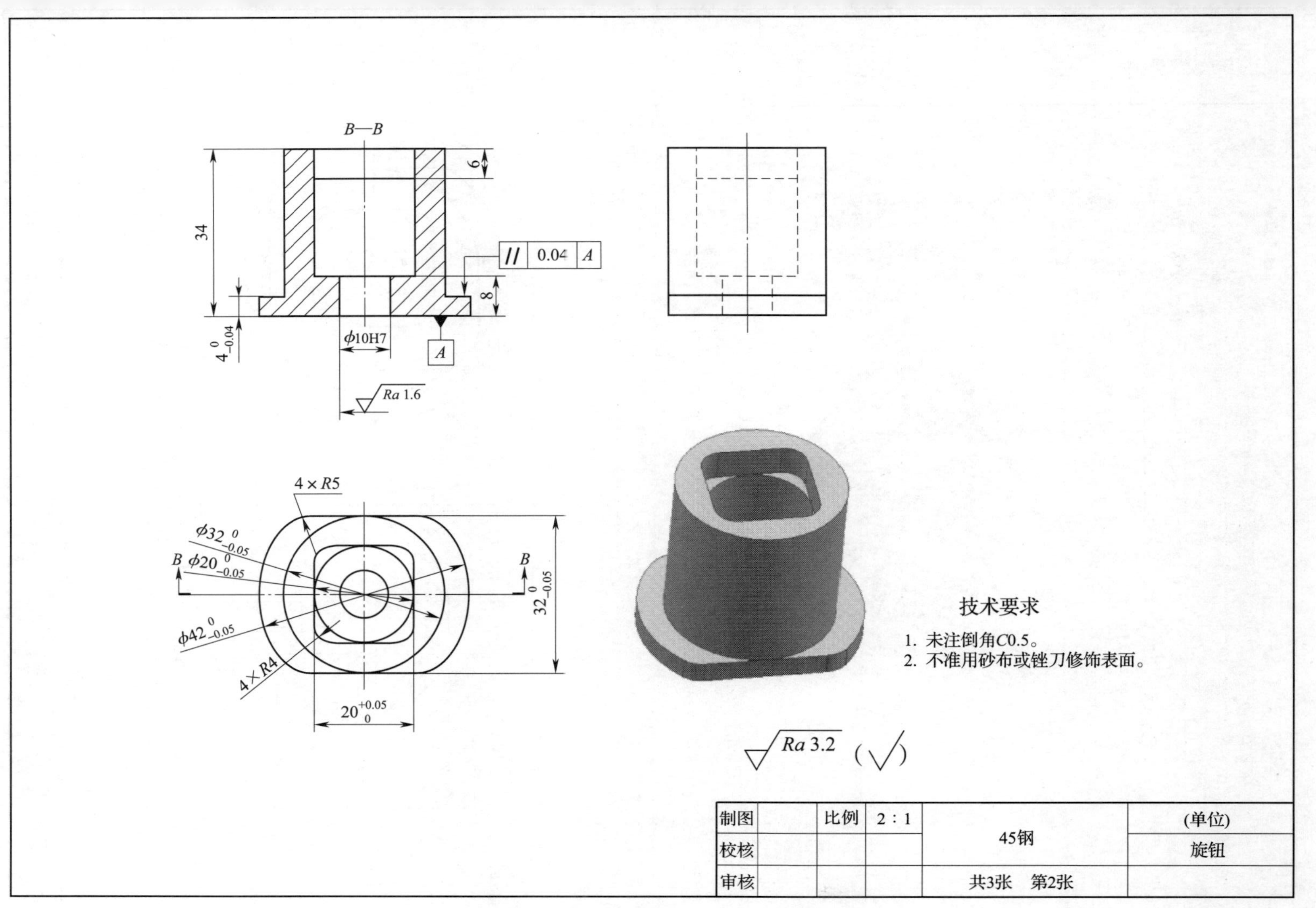
B—B
34
6
8
// 0.04 A
A
4 0 -0.04
φ10H7
Ra 1.6
4×R5
φ32 0 -0.05
B φ20 0 -0.05
B
32 0 -0.05
φ42 0 -0.05
4×R4
20 +0.05 0
技术要求
1. 未注倒角C0.5。
2. 不准用砂布或锉刀修饰表面。
Ra 3.2 (√)
制图
校核
审核
比例 2∶1
45钢
(单位)
旋钮
共3张　第2张

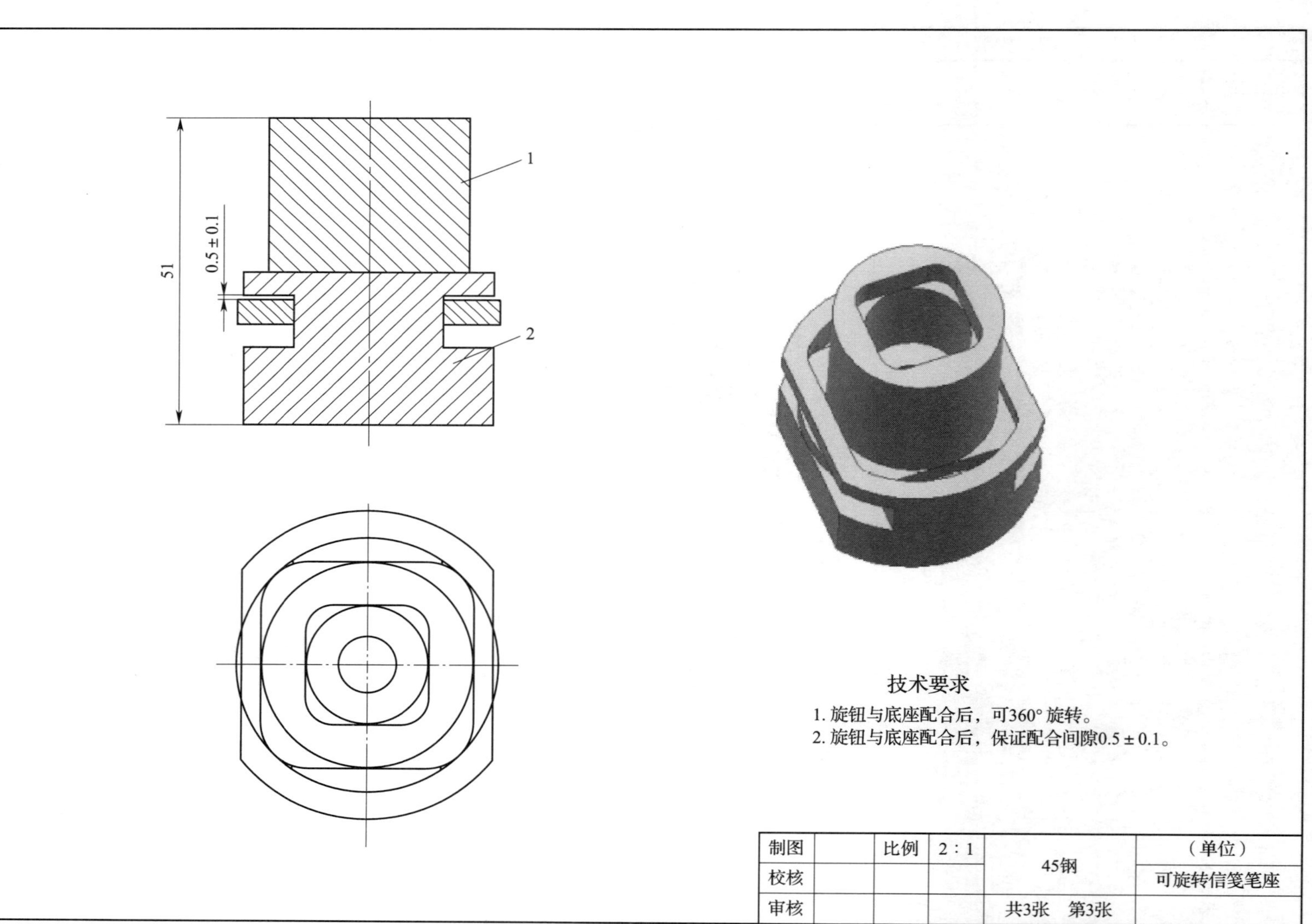
1
2
0.5 ± 0.1
51
技术要求
1. 旋钮与底座配合后，可360° 旋转。
2. 旋钮与底座配合后，保证配合间隙0.5 ± 0.1。
制图
比例
2 : 1
45钢
（单位）
校核
可旋转信笺笔座
审核
共3张 第3张

1．分析零件图样，在下表中写出信笺笔座配合件的主要加工尺寸、几何公差要求及表面质量要求，并进行相应的尺寸公差计算，为零件的编程做准备。

底座图样分析

序号	项目	内容	偏差范围（数值）
1	底座主要加工尺寸		
2			
3			
4			
5			
6			
7			
8			
9			
10			
11			
12			
13			
14	底座几何公差要求		
15			
16	底座表面质量要求		
17			
18			

旋钮图样分析

序号	项目	内容	偏差范围（数值）
1	旋钮主要加工尺寸		
2			
3			
4			
5			
6			
7			
8			
9			
10			
11			
12			
13	旋钮几何公差要求		
14	旋钮表面质量要求		
15			

2. 解释装配图中技术要求的含义，并在图样上标记出装配基准。

3. 该零件的主要定位尺寸有哪些？定形尺寸有哪些？在图样上标记出加工基准。

4. 解释下列几何公差的含义。

⌖	ϕ0.02	A

：

//	0.04	A

：

5. 运用 CAXA 电子图板或 AutoCAD 软件绘制图样，将打印的图样贴在此处。

三、加工工艺分析

1. 选择设备

选择哪种数控铣床加工此 360°可旋转信笺笔座？写出数控铣床的型号。

2. 确定信笺笔座的定位基准和装夹方式

（1）粗、精加工底座下表面轮廓和旋钮下表面轮廓时，应选择__________作为定位基准。根据现有毛坯形状，应选用三爪自定心卡盘装夹工件。三爪自定心卡盘如何在工作台上固定？如何校正工件？写出图中1、2、3、4零件的名称。

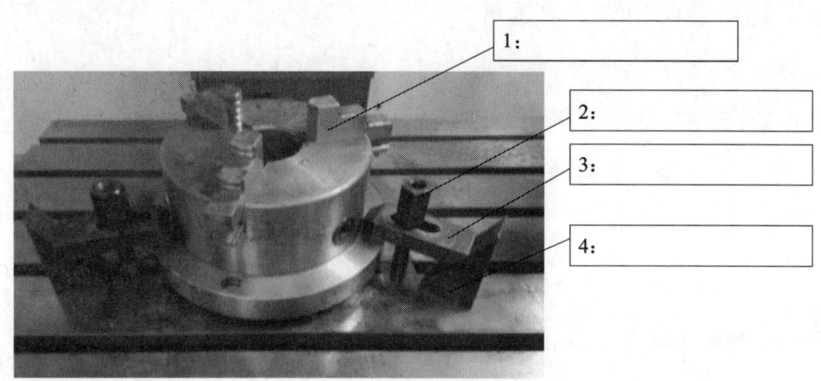

（2）粗、精加工底座上表面轮廓和旋钮上表面轮廓时，应选择__________作为定位基准。根据已加工部分的零件形状和尺寸要求，此时应选用哪种夹具？如何校正？

（3）粗、精加工底座侧槽轮廓时，应选择__________作为定位基准。如何保证厚度$4_{-0.04}^{0}$ mm的公差要求？

3. 选择刀具

（1）数控铣床上常用硬质合金可转位式面铣刀来加工平面。本次加工应选用 ϕ ________ mm 数控硬质合金可转位式面铣刀，刀齿数为________齿。

（2）底座下表面 $\phi22^{+0.05}_{0}$ mm 的孔选用__________刀具加工。

（3）旋钮零件中的 ϕ10H7 的孔选用__________刀具加工。

（4）底座侧槽的加工选用 ϕ ____mm 的______刀具加工。

（5）零件其他轮廓的加工选用 ϕ ____mm 的______刀具加工，还可以选用 ϕ ____mm 的________刀具加工。两类刀具的主要区别是什么？

（6）轮廓的倒角选用__________刀具加工。

4. 确定加工路线

（1）下图为信笺笔座中旋钮和底座每道工序的加工实体效果图。确定其加工路线，将正确序号填入括号中。

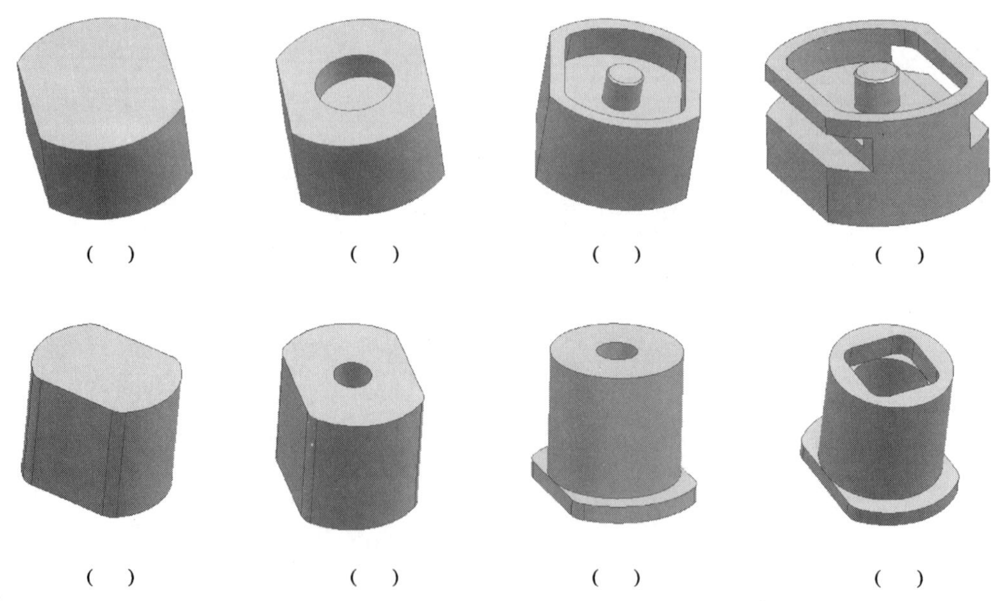

（ ）　（ ）　（ ）　（ ）

（ ）　（ ）　（ ）　（ ）

（2）轮廓加工路线的设计应保证零件的加工精度和表面粗糙度。在本次学习任务中，内圆弧轮廓的铣削最好选择________的方式切入或切出工件。

5. 填写数控加工工艺卡（可另附页）。

加工工艺卡

（单位名称）	加工工艺卡	产品名称		图号				
		零件名称		数量				第　页
材料种类		材料成分		毛坯尺寸				共　页
工序号	工序内容	车间	设备	工具			计划工时	实际工时
				夹具	量具	刀具		

				设计（日期）	校正	审核	批准
标记	更改号	更改者	日期				

四、加工工序制订

1. 加工工序划分的原则是什么？对于配合件加工，制订加工工序时主要需要考虑哪些问题?

2. 360°可旋转信笺笔座配合件的加工难点如何解决?

3．填写加工工序卡（可另附页）。

底座下表面轮廓加工工序卡	产品型号		零件图号			
	产品名称		零件名称		共　页	第　页

工序简图	车间	工序号	工序名称	材料牌号
	毛坯种类	毛坯外形尺寸	每毛坯可制件数	每台件数
	设备名称	设备型号	设备编号	同时加工件数
	夹具编号	夹具名称	切削液	
	工位器具编号	工位器具名称	工序工时(分)	
			准终	单件

工步号	工步内容	工艺装备	主轴转速 r/min	切削速度 m/min	进给量 mm/r	背吃刀量 mm	进给次数	工步工时 机动	工步工时 辅助

设计（日期）	校对（日期）	审核（日期）	标准化（日期）	会签（日期）

底座上表面轮廓加工工序卡	产品型号		零件图号			
	产品名称		零件名称		共　页	第　页

车间	工序号	工序名称	材料牌号
毛坯种类	毛坯外形尺寸	每毛坯可制件数	每台件数
设备名称	设备型号	设备编号	同时加工件数

夹具编号	夹具名称	切削液	
工位器具编号	工位器具名称	工序工时(分)	
		准终	单件

工序简图

工步号	工步内容	工艺装备	主轴转速	切削速度	进给量	背吃刀量	进给次数	工步工时	
			r/min	m/min	mm/r	mm		机动	辅助

设计（日期）	校对（日期）	审核（日期）	标准化（日期）	会签（日期）

底座侧面轮廓加工工序卡	产品型号		零件图号			
	产品名称		零件名称		共　页	第　页

工序简图	车间	工序号	工序名称	材料牌号
	毛坯种类	毛坯外形尺寸	每毛坯可制件数	每台件数
	设备名称	设备型号	设备编号	同时加工件数

夹具编号	夹具名称	切削液	
工位器具编号	工位器具名称	工序工时(分)	
		准终	单件

工步号	工步内容	工艺装备	主轴转速 r/min	切削速度 m/min	进给量 mm/r	背吃刀量 mm	进给次数	工步工时 机动	工步工时 辅助

设计（日期）	校对（日期）	审核（日期）	标准化（日期）	会签（日期）

旋钮下表面轮廓加工工序卡	产品型号		零件图号			
	产品名称		零件名称		共　页	第　页

工序简图

车间	工序号	工序名称	材料牌号
毛坯种类	毛坯外形尺寸	每毛坯可制件数	每台件数
设备名称	设备型号	设备编号	同时加工件数

夹具编号	夹具名称	切削液	
工位器具编号	工位器具名称	工序工时(分)	
		准终	单件

工步号	工步内容	工艺装备	主轴转速 r/min	切削速度 m/min	进给量 mm/r	背吃刀量 mm	进给次数	工步工时	
								机动	辅助

设计（日期）	校对（日期）	审核（日期）	标准化（日期）	会签（日期）

旋钮上表面轮廓加工工序卡	产品型号		零件图号			
	产品名称		零件名称		共　页	第　页

工序简图	车间	工序号	工序名称	材料牌号
	毛坯种类	毛坯外形尺寸	每毛坯可制件数	每台件数
	设备名称	设备型号	设备编号	同时加工件数

夹具编号	夹具名称	切削液	
工位器具编号	工位器具名称	工序工时(分)	
		准终	单件

工步号	工步内容	工艺装备	主轴转速 r/min	切削速度 m/min	进给量 mm/r	背吃刀量 mm	进给次数	工步工时	
								机动	辅助

设计（日期）	校对（日期）	审核（日期）	标准化（日期）	会签（日期）

五、加工程序编制

1．列举加工底座和旋钮所用的主要 G 指令和 M 代码（以 FANUC 0i 系统为例）。

指令	名称	编程格式	用途
G83			
G85			
G80			
G41			
G40			
G02			
G03			
G00			
G01			
M98			
M99			
G99			
G54			

2．什么是子程序？主要用在什么场合？在 FANUC 系统中，子程序调用格式是怎样的？举例说明。在本任务中，哪些轮廓的加工需要用到子程序调用？

3．根据加工路线，确定加工底座下表面时的编程坐标系原点，并用图例说明。求出主要基点坐标值，记录下主要数据。

4. 根据加工路线，确定加工底座上表面时的编程坐标系原点，并用图例说明。求出主要基点坐标值，记录下主要数据。

5. 根据加工路线，确定加工旋钮下表面时的编程坐标系原点，并用图例说明。求出主要基点坐标值，记录下主要数据。

6. 根据加工路线，确定加工旋钮上表面时的编程坐标系原点，并用图例说明。求出主要基点坐标值，记录下主要数据。

7. 填写信笺笔座配合件程序卡（可另附页）。

信笺笔座配合件程序卡

数控铣床程序卡	零件名称		编写日期	
	夹具名称		材料名称	
	机床型号		实训车间	

程序号	程序	注解说明

续表

程序号	程序	注解说明

续表

程序号	程序	注解说明

学习活动2　信笺笔座配合件的加工

学习目标

1. 能根据现场条件，查阅相关资料，领取符合加工技术要求的工、量、刃具。

2. 能按图样要求，测量毛坯外形尺寸，判断毛坯是否有足够的加工余量。

3. 能掌握切削液的种类和使用场合，正确选择加工任务中要用的切削液。

4. 能正确安装通用夹具，并用百分表对其进行校正。

5. 能正确规范地装夹立铣刀、面铣刀和铰刀等刀具。

6. 能严格执行车间管理规定，正确规范地操作机床。

7. 能适时检测、装配、调整，检验是否达到装配工艺要求，并填写相关文档。

8. 能按产品工艺流程和车间要求进行产品交接，并规范填写交接班记录。

9. 能严格按照车间管理规定，正确规范地保养数控铣床。

建议学时　34 学时

学习过程

一、加工准备

1. 领取工、量、刃具，并填写工、量、刃具清单。

工、量、刃具清单

序号	名称	规格	数量	备注
1				
2				
3				
4				
5				
6				
7				
8				
9				
10				

2. 领取毛坯料并测量毛坯外形尺寸，判断毛坯是否有足够的加工余量。记录所领毛坯料的实际尺寸。

3. 根据加工对象及所用刀具，选择本次加工所用切削液。

二、加工过程

1. 机床准备

(1) 作开启机床前的各项常规检查工作。

(2) 规范启动机床。

(3) 机床各轴回参考点。

（4）输入数控加工程序并校验。

2. 安装夹具并校正，装夹工件并校正

装夹时需要在平口钳下垫上垫铁，特别是第二次装夹时，一定要将工件与垫铁贴平，这样才能保证零件的平行度要求。

3. 装夹刀具。

4. 对刀。

5. 输入刀补数值。

6. 加工

（1）转入自动加工模式。粗加工完毕后，精确测量加工尺寸，根据测量结果，修改刀补，再进行精加工。若粗加工尺寸误差较大，分析误差原因。

（2）加工过程中，需适时地检测和试配旋钮与底座的配合情况。

1）若旋钮与底座完全不能配合，分析是什么原因造成的。根据加工余量情况，确定能否进行修整。若不能，详细分析报废的原因。

2）若旋钮与底座能配合，但无法正常360°旋转，分析原因并给出解决方法。

7. 根据零件加工路径，估算零件加工时间。

估算方法：总时间约为实际加工路径的总距离除以进给量，再加上装夹零件和刀具、编程、调整参数等辅助时间。

三、保养机床和清理场地

加工完毕后，正确放置零件，并进行产品交接确认。按照国家环保相关规定和车间要求整理现场，清扫切屑，保养机床，并正确处置废油液等废弃物；按车间规定填写交接班记录（附表1）和设备日常保养记录卡（附表2）。

学习活动3　信笺笔座配合件的检验与质量分析

学习目标

1. 能根据图样，合理选择检验工、量具，确定检测方法。

2. 能根据信笺笔座的测量结果，分析误差产生的原因。

3. 能正确规范地使用工、量具，并对其进行合理保养和维护。

4. 能按检验室管理要求，正确放置检验工、量具。

建议学时　6学时

学习过程

一、领取检测用工、量具

填写检测信笺笔座所需的工、量具。

检测用工、量具

序号	名称	规格（精度）	检测内容	备注

二、信笺笔座成品检测

检测信笺笔座成品，并将检测结果填写在下表中。

信笺笔座评测表（可另附页）

序号	技术要求	检测结果	结论
1			
2			
3			
4			
5			
6			
7			
8			
9			
10			
11			
12			
13			
14			
信笺笔座检测结论			

三、不合格产品原因分析

归纳加工信笺笔座时产生废品的原因及预防方法（每项至少写出三项）。

加工信笺笔座时产生废品的原因及预防方法

废品种类	产生原因	预防方法
4 mm 厚度尺寸超差		
平行度超差		

续表

废品种类	产生原因	预防方法
位置度超差		
表面粗糙度降级		
无法配合		
虽配合上，但无法实现360°顺利旋转		

四、整理和保养工、量具

工、量具使用后，对其进行整理和保养，并按检验室管理要求交还工、量具。

学习活动4　工作总结与评价

学习目标

1. 能以小组为单位分别派代表展示工作成果，说明本次任务的完成情况，并作分析总结。

2. 能结合自身任务完成情况，正确规范地撰写工作总结（心得体会）。

3. 能就本次任务中出现的问题提出改进措施。

4. 能对学习与工作进行反思总结，并能与他人开展良好合作，进行有效沟通。

建议学时　4学时

学习过程

一、个人评价

按下表评分标准进行个人评价。

个人综合评价表

项目	序号	技术要求	配分	评分标准	得分
机床操作（15%）	1	正确开启机床，检查	3	不正确、不合理无分	
	2	机床返回参考点	3	不正确、不合理无分	
	3	程序的输入及修改	3	不正确、不合理无分	
	4	程序空运行轨迹检查	3	不正确、不合理无分	
	5	对刀的方式和方法	3	不正确、不合理无分	
程序与工艺（25%）	6	程序格式规范	5	不合格每处扣3分	
	7	程序正确、完整	5	不合格每处扣3分	
	8	工艺合理	15	不合格每处扣2分	

续表

项目	序号	技术要求	配分	评分标准	得分
底座 零件质量 （26%）	9	$40_{-0.05}^{0}$ mm	2	超差 0.02 mm 扣 1 分	
	10	$32_{0}^{+0.05}$ mm	2	超差 0.02 mm 扣 1 分	
	11	$4_{-0.04}^{0}$ mm	2	超差 0.02 mm 扣 1 分	
	12	$8_{0}^{+0.05}$ mm	2	超差 0.02 mm 扣 1 分	
	13	$24_{-0.1}^{0}$ mm	2	超差 0.02 mm 扣 1 分	
	14	$\phi22_{0}^{+0.05}$ mm	2	超差 0.02 mm 扣 1 分	
	15	ϕ10h7	3	超差 0.02 mm 扣 1 分	
	16	// 0.04 A	2	超差不得分	
	17	⌖ ϕ0.02 A	2	超差不得分	
	18	*Ra*1.6 μm、*Ra*3.2 μm	4	降级不得分	
	19	一般尺寸	3	超差不得分	
旋钮 零件质量 （24%）	20	$\phi20_{-0.05}^{0}$ mm	2	超差 0.02 mm 扣 1 分	
	21	$\phi32_{-0.05}^{0}$ mm	2	超差 0.02 mm 扣 1 分	
	22	$\phi42_{-0.05}^{0}$ mm	2	超差 0.02 mm 扣 1 分	
	23	$20_{0}^{+0.05}$ mm	2	超差 0.02 mm 扣 1 分	
	24	$32_{-0.05}^{0}$ mm	2	超差 0.02 mm 扣 1 分	
	25	ϕ10H7	3	超差 0.02 mm 扣 1 分	
	26	$4_{-0.04}^{0}$ mm	2	超差 0.02 mm 扣 1 分	
	27	// 0.04 A	2	超差不得分	
	28	*Ra*1.6 μm、*Ra*3.2 μm	4	降级不得分	
	29	一般尺寸	3	超差不得分	
配合件 （5%）	30	（0.5 ±0.1） mm	5	超差 0.02 mm 扣 1 分	
安全文明生产 （5%）	31	安全操作	2.5	不按安全操作规程操作全扣	
	32	机床清理	2.5	不合格全扣	
总 得 分					

二、小组评价

把个人加工好的信笺笔座先进行分组展示，再由小组推荐代表作必要的介绍。在展示过程中，以小组为单位进行评价；评价完成后，根据其他组成员对本小组展示成果的评价意见进行归纳总结。完成如下项目：

（1）展示的信笺笔座符合技术标准吗？

很好□　　一般□　　不准确□

（2）本小组介绍成果表达是否清晰？

很好□　　一般，常补充□　　不清晰□

（3）本小组演示的信笺笔座加工方法和操作正确吗？

正确□　　部分正确□　　不正确□

（4）本小组演示操作时遵循了“6S”的工作要求吗？

符合工作要求□　　忽略了部分要求□　　完全没有遵循□

（5）本小组的检测量具保养完好吗？

良好□　　一般□　　不合要求□

（6）本小组成员的团队创新精神如何？

良好□　　一般□　　不足□

三、教师评价

教师对展示的作品分别作评价。

1. 找出各组的优点进行点评。

2. 对展示过程中各组的缺点进行点评，提出改进方法。

3. 对整个任务完成中出现的亮点和不足进行点评。

四、总结提升

1. 计算你所加工信笺笔座的成本，包括材料、工时、工具及设备损耗，并调研其市场价格，两者的差价是多少？

2. 结合自身任务完成情况，通过交流讨论等方式较全面规范地撰写本次任务的工作总结。

工作总结（心得体会）

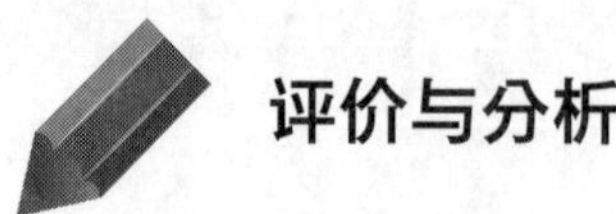

评价与分析

学习任务一评价表

班级：__________ 姓名：__________ 学号：__________

项目	自我评价			小组评价			教师评价		
	10～9	8～6	5～1	10～9	8～6	5～1	10～9	8～6	5～1
	占总评 10%			占总评 30%			占总评 60%		
学习活动 1									
学习活动 2									
学习活动 3									
学习活动 4									
协作精神									
纪律观念									
表达能力									
工作态度									
安全意识									
任务总体表现									
小计									
总评									

任课教师：________ 年 月 日

学习任务二　侧面圆弧配合件的数控铣加工

学习目标

1. 能根据加工任务，讨论并制订合理的工作计划。

2. 能正确分析侧面圆弧配合件的零件图和装配图，确定加工基准和装配基准，并在图样上标注。

3. 能借助技术手册、网络等渠道查阅资料，并分析加工工艺，选择切削用量、刀具及工装夹具，预估加工工时。

4. 能正确编制侧面圆弧配合件的加工程序。

5. 能正确应用平口钳夹具对工件进行多工位装夹。

6. 能正确选用铰刀、镗刀、立铣刀、面铣刀、倒角钻等刀具，并熟练使用。

7. 能根据加工要求，正确操作数控铣床，完成侧面圆弧配合件的数控加工。

8. 能根据侧面圆弧配合件图样，合理选择检验工、量具，确定检测方法和记录几何误差值。

9. 能根据测量结果分析误差产生的原因，并改进工艺。

10. 能进行工时及成本核算。

11. 能规范进行机床保养和维护、清理场地、归置物品，完成交接班工作。

12. 能主动获取有效信息，展示工作成果，对学习与工作进行反思总结，并能与他人开展良好合作，进行有效沟通。

建议学时

80 学时

工作情境描述

某企业定制一批侧面圆弧配合件，数量为 30 套，来料加工，材料为 45 钢，毛坯尺寸分别为 105 mm × 105 mm × 15 mm 和 105 mm × 105 mm × 35 mm，交货期为 13 天。生产主管部门将该生产任务交予数控加工组完成。

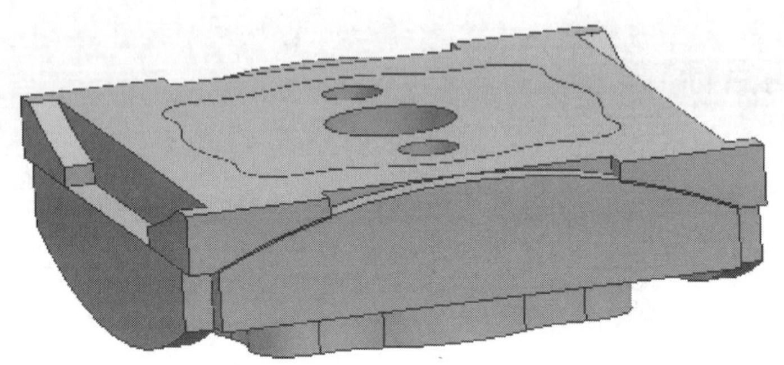

工作流程与活动

1. 侧面圆弧配合件的加工工艺分析与编程（36 学时）
2. 侧面圆弧配合件的加工（34 学时）
3. 侧面圆弧配合件的检验与质量分析（6 学时）
4. 工作总结与评价（4 学时）

学习活动 1　侧面圆弧配合件的加工工艺分析与编程

学习目标

1. 能认真阅读生产任务单，分析任务特点并制订工作计划。

2. 能正确识读侧面圆弧配合件的零件图和装配图。

3. 能运用 CAXA 电子图板或 AutoCAD 软件完成图形绘制，并能正确打印输出。

4. 能确定侧面圆弧配合件的定位装夹方式。

5. 能根据铰刀、镗刀、立铣刀、盘铣刀、倒角钻等的用途，正确选择加工所用刀具。

6. 能正确填写侧面圆弧配合件的加工工艺卡。

7. 能根据所用刀具材料及加工对象，查阅相关资料，确定切削用量。

8. 能根据加工工艺分析，合理制订每道加工工序。

9. 能正确填写侧面圆弧配合件的加工工序卡。

10. 能运用 CAXA 电子图板或 AutoCAD 软件，正确找出图样中主要基点坐标值。

11. 能根据子程序的概念和格式，正确完成轮廓分层切削的程序编制。

12. 能根据图样尺寸要求，合理选择和应用孔加工固定循环指令，特别是镗孔指令。

13. 能根据图样要求，正确选择重复规则图素的编程指令。

14. 能根据加工路线制订原则，合理确定零件不同轮廓面的加工路线，并找出其编程原点。

15. 能正确编制侧面圆弧配合件的加工程序，并填写程序卡。

建议学时　36 学时

学习过程

一、阅读生产任务单

生产任务单

需方单位名称				完成日期	年 月 日	
序号	产品名称	材料	数量	技术标准和质量要求		
1	侧面圆弧配合件	45 钢	30 套	按图样要求		
2						
3						
4						
生产批准时间		年 月 日	批准人			
通知任务时间		年 月 日	发单人			
接单时间		年 月 日	接单人		生产班组	数控加工组

1. 本任务的加工难点主要体现在哪些方面?

2. 本任务工期为 13 天，依据任务要求，制订合理的工作计划，并根据小组成员的特点进行分工。

序号	工作内容	时间	成员	负责人
1	工艺分析			
2	工序制订			
3	编制程序			
4	数控铣床加工			
5	成品检验与质量分析			

二、图样分析

侧面圆弧配合件如下图所示。

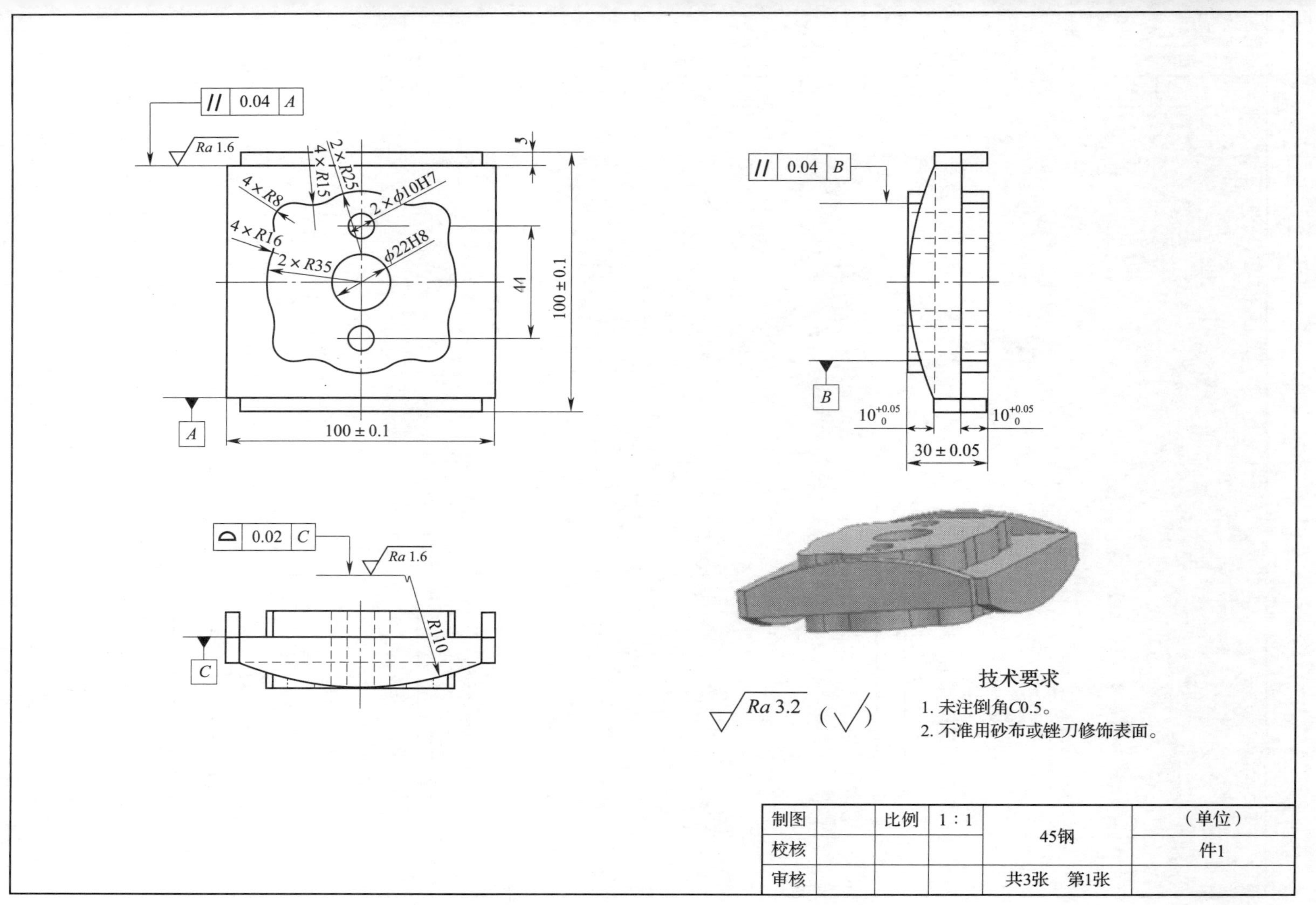
// 0.04 A
Ra 1.6
5
4 × R15
2 × R25
4 × R8
2 × ϕ10H7
4 × R16
ϕ22H8
2 × R35
44
100 ± 0.1
A
100 ± 0.1
// 0.04 B
B
$10^{+0.05}_{0}$
$10^{+0.05}_{0}$
30 ± 0.05
0.02 C
Ra 1.6
R110
C
技术要求
Ra 3.2 (√)
1. 未注倒角C0.5。
2. 不准用砂布或锉刀修饰表面。
制图
校核
审核
比例
1 : 1
45钢
共3张 第1张
(单位)
件1

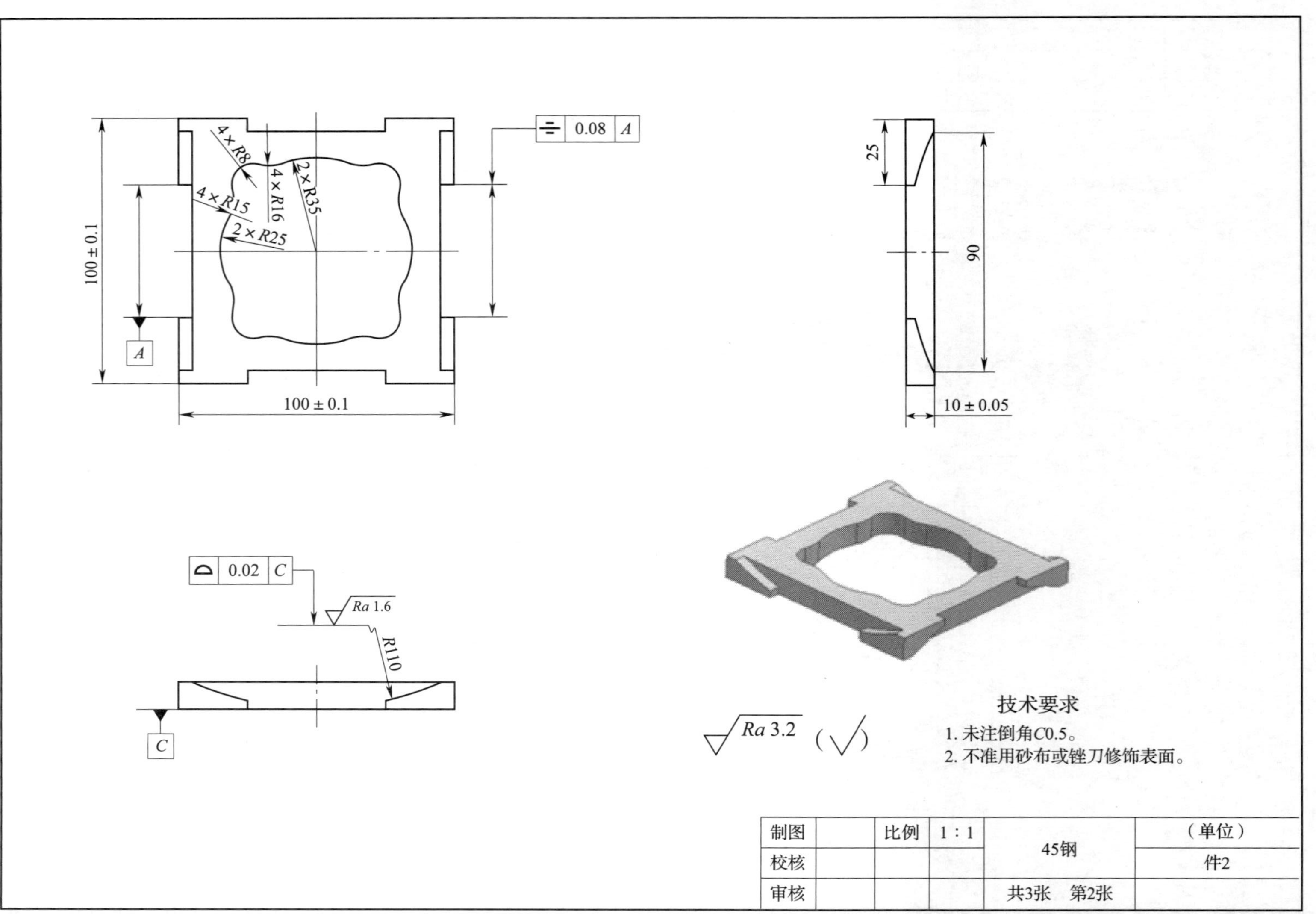
4×R8
4×R16
2×R35
4×R15
2×R25
0.08 A
100±0.1
A
100±0.1
25
90
10±0.05
0.02 C
Ra 1.6
R110
C
Ra 3.2 (√)
技术要求
1. 未注倒角C0.5。
2. 不准用砂布或锉刀修饰表面。
制图
比例 1:1
45钢
（单位）
校核
件2
审核
共3张 第2张

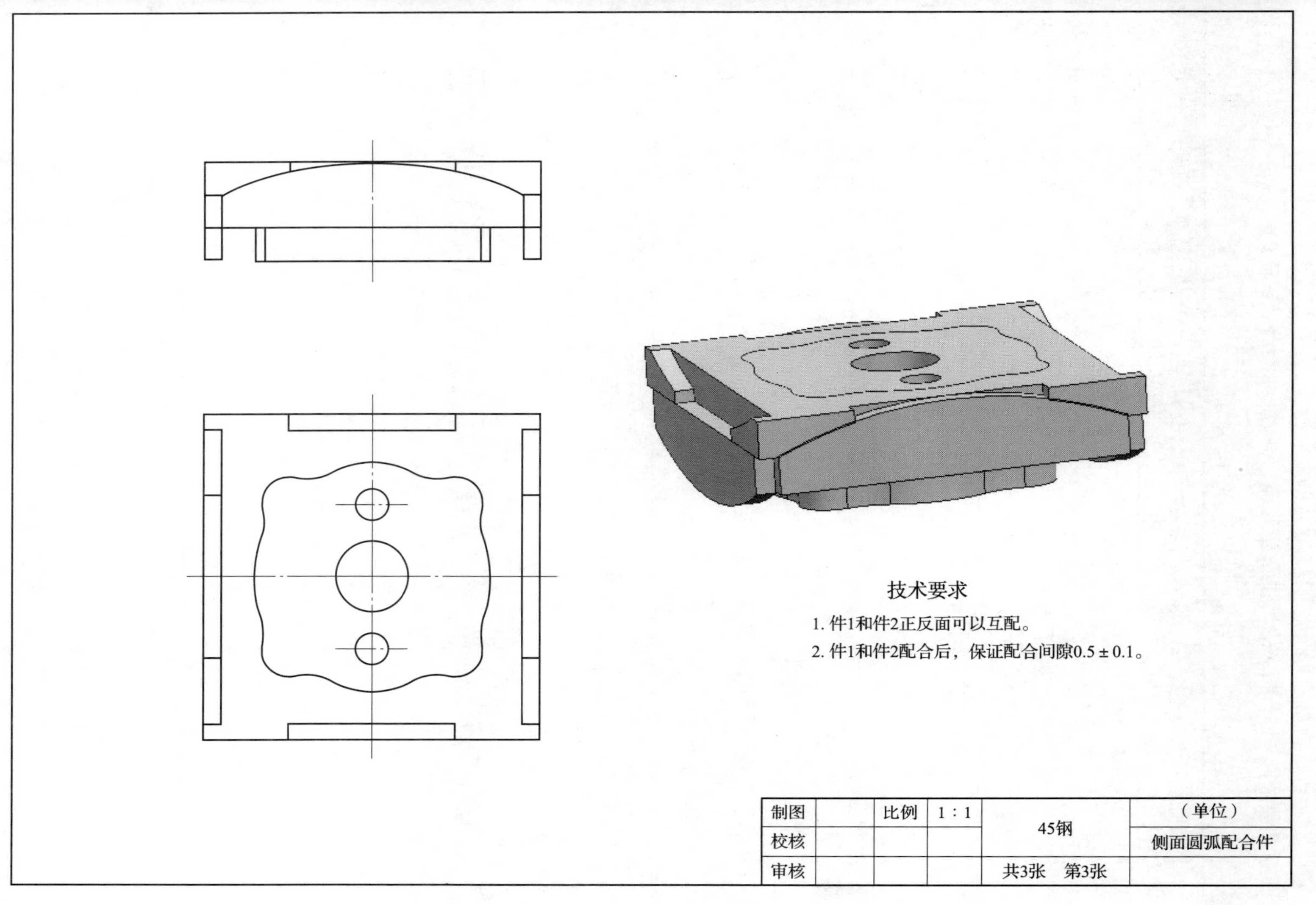
技术要求
1. 件1和件2正反面可以互配。
2. 件1和件2配合后，保证配合间隙0.5±0.1。
制图
校核
审核
比例
1:1
45钢
共3张　第3张
（单位）
侧面圆弧配合件

1．分析零件图样，在下表中写出侧面圆弧配合件的主要加工尺寸、几何公差要求及表面质量要求，并进行相应的尺寸公差计算，为零件的编程做准备。

件 1 图样分析

序号	项目	内容	偏差范围（数值）
1	件 1 主要加工尺寸		
2			
3			
4			
5			
6			
7			
8			
9			
10			
11			
12			
13			
14	件 1 几何公差要求		
15			
16			
17	件 1 表面质量要求		
18			
19			

件 2 图样分析

序号	项目	内容	偏差范围（数值）
1	件 2 主要加工尺寸		
2			
3			
4			
5			
6			
7			
8			
9			
10			
11	件 2 几何公差要求		
12			
13	件 2 表面质量要求		
14			

2. 解释装配图中技术要求的含义，并在图样上标记出装配基准。

3. 该零件的主要定位尺寸有哪些？定形尺寸有哪些？在图样上标记出加工基准。

4. 解释下列几何公差的含义。

| ⌯ | 0.08 | *A* | ：

| ⌓ | 0.02 | *C* | ：

5. 运用 CAXA 电子图板或 AutoCAD 软件绘制图样，将打印的图样贴在此处。

三、加工工艺分析

1. 选择设备

选择哪种数控铣床加工此侧面圆弧配合件？写出数控铣床的型号。

2. 确定侧面圆弧配合件的定位基准和装夹方式

（1）根据现有毛坯形状，加工零件正反面轮廓时，应选用________夹具装夹工件，以__________作为定位基准。

（2）加工 $R110$ mm 侧圆弧时，应选用________夹具装夹工件，如何装夹工件？如何正确找正工件中心？

3. 选择刀具

(1) 数控铣床上常用硬质合金可转位式面铣刀来加工平面。本次加工应选用 φ________ mm 数控硬质合金可转位式面铣刀，刀齿数为________ 齿。

(2) 零件图中 φ22H8 的孔选用__________ 刀具加工。

(3) 零件图中的 2 × φ10H7 的孔选用__________刀具加工。

(4) 轮廓的倒角选用__________刀具加工。

(5) 零件其他轮廓选用 φ ____mm 的______ 刀具加工。

4. 确定加工路线

下图为侧面圆弧配合件中每道工序的加工实体效果图。确定其主要加工路线，将正确序号填入括号中。

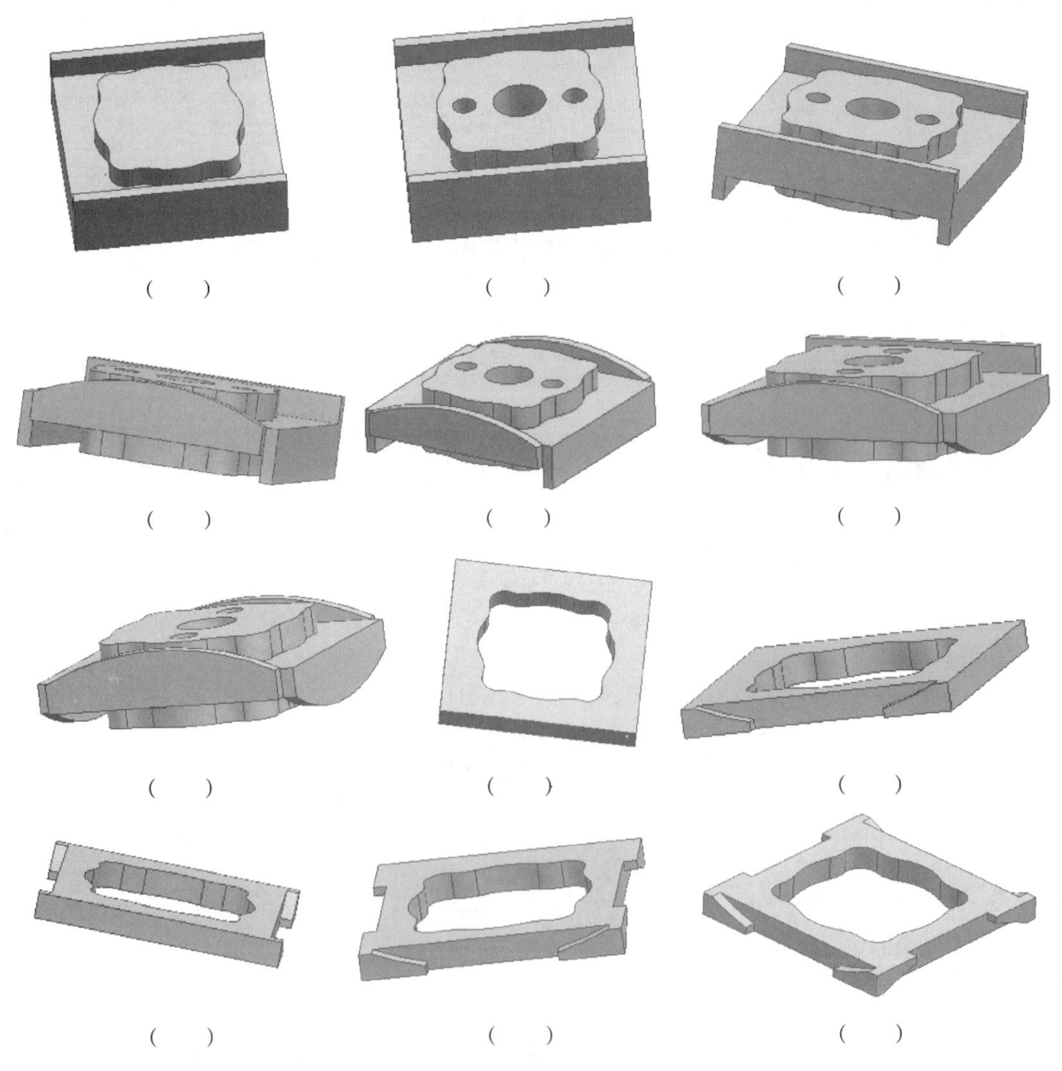

(　) (　) (　)

(　) (　) (　)

(　) (　) (　)

(　) (　) (　)

5. 填写数控加工工艺卡（可另附页）。

加工工艺卡

（单位名称）	加工工艺卡	产品名称			图号			
		零件名称			数量			第 页
材料种类		材料成分		毛坯尺寸				共 页
工序号	工序内容	车间	设备	工具			计划工时	实际工时
				夹具	量具	刀具		
				设计（日期）	校正	审核		批准
标记	更改号	更改者	日期					

四、加工工序制订

1. 本任务中加工工序的制订遵守哪项原则？为什么？

2. 侧面圆弧配合件的加工难点如何解决？

3. 填写加工工序卡（可另附页）。

件 1 正、反面轮廓加工工序卡	产品型号		零件图号			
	产品名称		零件名称		共　页	第　页

工序简图	车间	工序号	工序名称	材料牌号
	毛坯种类	毛坯外形尺寸	每毛坯可制件数	每台件数
	设备名称	设备型号	设备编号	同时加工件数

夹具编号	夹具名称	切削液	
工位器具编号	工位器具名称	工序工时(分)	
		准终	单件

工步号	工步内容	工艺装备	主轴转速 r/min	切削速度 m/min	进给量 mm/r	背吃刀量 mm	进给次数	工步工时 机动	工步工时 辅助

设计（日期）	校对（日期）	审核（日期）	标准化（日期）	会签（日期）

件1侧面轮廓加工工序卡	产品型号		零件图号			
	产品名称		零件名称		共　页	第　页

车间	工序号	工序名称	材料牌号
毛坯种类	毛坯外形尺寸	每毛坯可制件数	每台件数
设备名称	设备型号	设备编号	同时加工件数

夹具编号	夹具名称	切削液	
工位器具编号	工位器具名称	工序工时(分)	
		准终	单件

工序简图

工步号	工步内容	工艺装备	主轴转速 r/min	切削速度 m/min	进给量 mm/r	背吃刀量 mm	进给次数	工步工时	
								机动	辅助

设计（日期）	校对（日期）	审核（日期）	标准化（日期）	会签（日期）

件 2 内轮廓加工工序卡	产品型号		零件图号			
	产品名称		零件名称		共 页	第 页

工序简图

车间	工序号	工序名称	材料牌号
毛坯种类	毛坯外形尺寸	每毛坯可制件数	每台件数
设备名称	设备型号	设备编号	同时加工件数

夹具编号	夹具名称	切削液	
工位器具编号	工位器具名称	工序工时(分)	
		准终	单件

工步号	工步内容	工艺装备	主轴转速	切削速度	进给量	背吃刀量	进给次数	工步工时	
			r/min	m/min	mm/r	mm		机动	辅助

设计（日期）	校对（日期）	审核（日期）	标准化（日期）	会签（日期）

件 2 侧面轮廓加工工序卡	产品型号		零件图号			
	产品名称		零件名称		共 页	第 页

车间	工序号	工序名称	材料牌号
毛坯种类	毛坯外形尺寸	每毛坯可制件数	每台件数
设备名称	设备型号	设备编号	同时加工件数

夹具编号	夹具名称	切削液	
工位器具编号	工位器具名称	工序工时(分)	
		准终	单件

工序简图

工步号	工步内容	工艺装备	主轴转速	切削速度	进给量	背吃刀量	进给次数	工步工时	
			r/min	m/min	mm/r	mm		机动	辅助

设计（日期）	校对（日期）	审核（日期）	标准化（日期）	会签（日期）

五、加工程序编制

1．列举加工圆弧配合件所用的主要 G 指令和 M 代码（以 FANUC 0i 系统为例）。

指令	名称	编程格式	用途
G83			
G85			
G80			
G76			
G41			
G40			
G02			
G03			
G00			
G01			
M98			
M99			
G68			
G69			
G99			
G54			

2．精加工时，为了不使刀具在退刀过程中划伤孔的表面，可以使用精镗循环这一功能。精镗循环指令的运行轨迹是怎样的？什么是主轴定向准停？它有什么用途？

3. 根据加工路线，确定编程坐标系原点，并求出下图中1、2、3、4基点坐标值。

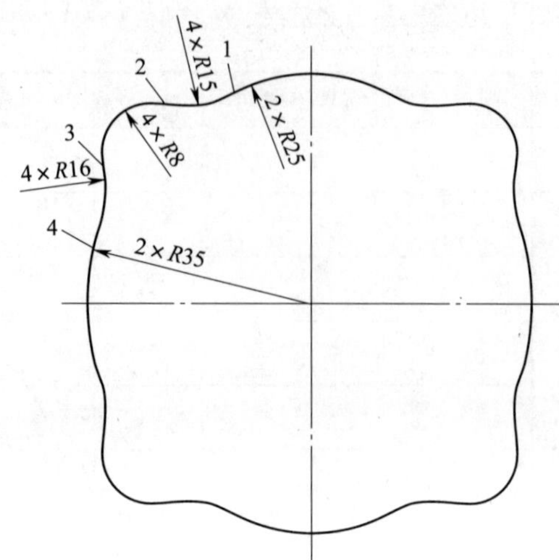

4. 本任务中在加工正反面凹凸圆弧时，为何选用图形旋转指令G68？使用该编程指令有哪些注意事项？

5. 填写侧面圆弧配合件程序卡（可另附页）。

侧面圆弧配合件程序卡

<table>
<tr><td rowspan="3">数控铣床程序卡</td><td>零件名称</td><td colspan="2"></td><td>编写日期</td><td></td></tr>
<tr><td>夹具名称</td><td colspan="2"></td><td>材料名称</td><td></td></tr>
<tr><td>机床型号</td><td colspan="2"></td><td>实训车间</td><td></td></tr>
<tr><td>程序号</td><td colspan="2">程序</td><td colspan="3">注解说明</td></tr>
<tr><td></td><td colspan="2"></td><td colspan="3"></td></tr>
<tr><td></td><td colspan="2"></td><td colspan="3"></td></tr>
<tr><td></td><td colspan="2"></td><td colspan="3"></td></tr>
<tr><td></td><td colspan="2"></td><td colspan="3"></td></tr>
</table>

续表

程序号	程序	注解说明

续表

程序号	程序	注解说明

学习活动 2　侧面圆弧配合件的加工

学习目标

1. 能根据现场条件，查阅相关资料，领取符合加工技术要求的工、量、刃具。

2. 能按图样要求，测量毛坯外形尺寸，判断毛坯是否有足够的加工余量。

3. 能掌握切削液的种类和使用场合，正确选择加工任务中要用的切削液。

4. 能正确安装通用夹具，并用百分表对其进行校正。

5. 能正确规范地装夹镗刀、立铣刀、面铣刀和铰刀等刃具。

6. 能严格执行车间管理规定，正确规范地操作机床。

7. 能适时检测、装配、调整，检验是否达到装配工艺要求，并填写相关文档。

8. 能按产品工艺流程和车间要求进行产品交接，并规范填写交接班记录。

9. 能严格按照车间管理规定，正确规范地保养数控铣床。

建议学时　34 学时

学习过程

一、加工准备

1. 领取工、量、刃具，并填写工、量、刃具清单。

工、量、刃具清单

序号	名称	规格	数量	备注
1				
2				
3				
4				
5				
6				
7				
8				
9				
10				

2. 领取毛坯料并测量毛坯外形尺寸，判断毛坯是否有足够的加工余量。记录所领毛坯料的实际尺寸。

3. 根据加工对象及所用刀具，选择本次加工所用切削液。

二、加工过程

1. 机床准备

（1）作开启机床前的各项常规检查工作。

（2）规范启动机床。

（3）机床各轴回参考点。

（4）输入数控加工程序并校验。

2. 安装夹具并校正，装夹工件并校正

装夹时需要在平口钳下垫上垫铁，特别是第二次装夹时，一定要将工件与垫铁贴平，这样才能保证零件的平行度要求。

3. 装夹刀具。

4. 对刀。

5. 输入刀补数值。

6. 加工

（1）转入自动加工模式。粗加工完毕后，精确测量加工尺寸，根据测量结果，修改刀补，再进行精加工。若粗加工尺寸误差较大，分析误差原因。

（2）加工过程中，需适时地检测和试配件 1 与件 2 圆弧的配合情况。

1）若件 1 正反面凸圆弧与件 2 正反面凹圆弧不能配合，分析是什么原因造成的。根据加工余量情况，确定能否进行修整。若不能，详细分析报废的原因。

2）若件 1 和件 2 侧面圆弧达不到配合要求，分析是什么原因造成的。根据加工余量情况，确定能否进行修整。若不能，详细分析报废的原因。

(3) 零件图中有对称度的位置公差要求。如何在加工过程中保证对称度要求?

7. 根据零件加工路径，估算零件加工时间。

三、保养机床和清理场地

加工完毕后，正确放置零件，并进行产品交接确认。按照国家环保相关规定和车间要求整理现场，清扫切屑，保养机床，并正确处置废油液等废弃物；按车间规定填写交接班记录（附表1）和设备日常保养记录卡（附表2）。

学习活动3　侧面圆弧配合件的检验与质量分析

学习目标

1. 能根据图样，合理选择检验工、量具，确定检测方法。

2. 能根据侧面圆弧配合件的测量结果，分析误差产生的原因。

3. 能正确规范地使用工、量具，并对其进行合理保养和维护。

4. 能按检验室管理要求，正确放置检验工、量具。

建议学时　6学时

学习过程

一、领取检测用工、量具

填写侧面圆弧配合件所需的工、量具。

检测用工、量具

序号	名称	规格（精度）	检测内容	备注

二、侧面圆弧配合件成品检测

检测侧面圆弧配合件成品，并将检测结果填写在下表中。

侧面圆弧配合件评测表（可另附页）

序号	技术要求	检测结果	结论
1			
2			
3			
4			
5			
6			
7			
8			
9			
10			
11			
12			
13			
14			
侧面圆弧配合件检测结论			

三、不合格产品原因分析

归纳加工侧面圆弧配合件时产生废品的原因及预防方法（每项至少写出三项）。

加工侧面圆弧配合件时产生废品的原因及预防方法

废品种类	产生原因	预防方法
尺寸超差		
平行度超差		

续表

废品种类	产生原因	预防方法
面轮廓度超差		
对称度超差		
表面粗糙度降级		
配合精度达不到		

四、整理和保养工、量具

工、量具使用后，对其进行整理和保养，并按检验室管理要求交还工、量具。

学习活动4　工作总结与评价

学习目标

1. 能以小组为单位分别派代表展示工作成果，说明本次任务的完成情况，并作分析总结。

2. 能结合自身任务完成情况，正确规范地撰写工作总结（心得体会）。

3. 能就本次任务中出现的问题提出改进措施。

4. 能对学习与工作进行反思总结，并能与他人开展良好合作，进行有效沟通。

建议学时　4学时

学习过程

一、个人评价

按下表评分标准进行个人评价。

个人综合评价表

项目	序号	技术要求	配分	评分标准	得分
机床操作（15%）	1	正确开启机床，检查	3	不正确、不合理无分	
	2	机床返回参考点	3	不正确、不合理无分	
	3	程序的输入及修改	3	不正确、不合理无分	
	4	程序空运行轨迹检查	3	不正确、不合理无分	
	5	对刀的方式和方法	3	不正确、不合理无分	

续表

项目	序号	技术要求	配分	评分标准	得分
程序与工艺（25%）	6	程序格式规范	5	不合格每处扣 3 分	
	7	程序正确、完整	5	不合格每处扣 3 分	
	8	工艺合理	15	不合格每处扣 2 分	
件 1 零件质量（30%）	9	（100 ±0.1） mm	1	超差 0.02 mm 扣 0.5 分	
	10	$10^{+0.05}_{0}$ mm	2	超差 0.02 mm 扣 1 分	
	11	ϕ22H8	2	超差 0.02 mm 扣 1 分	
	12	2 × ϕ10H7	1	超差 0.02 mm 扣 0.5 分	
	13	（30 ±0.05） mm	1	超差 0.02 mm 扣 0.5 分	
	14	*R*110 mm	8	超差不得分	
	15	4 × *R*15 mm	1	超差不得分	
	16	4 × *R*8 mm	1	超差不得分	
	17	4 × *R*16 mm	1	超差不得分	
	18	2 × *R*35 mm	0.5	超差不得分	
	19	2 × *R*25 mm	0.5	超差不得分	
	20	⌓ 0.02 *C*	2	超差不得分	
	21	// 0.04 *A*	2	超差不得分	
	22	// 0.04 *B*	2	超差不得分	
	23	*Ra*1.6 μm、*Ra*3.2 μm	4	降级不得分	
	24	一般尺寸	1	超差不得分	
件 2 零件质量（20%）	25	（10 ±0.05） mm	2	超差 0.02 mm 扣 1 分	
	26	（100 ±0.1） mm	1	超差 0.02 mm 扣 0.5 分	
	27	*R*110 mm	4	超差不得分	
	28	4 × *R*15 mm	1	超差不得分	
	29	4 × *R*8 mm	1	超差不得分	
	30	4 × *R*16 mm	1	超差不得分	
	31	2 × *R*35 mm	0.5	超差不得分	
	32	2 × *R*25 mm	0.5	超差不得分	
	33	⌯ 0.08 *A*	2	超差不得分	
	34	⌓ 0.02 *C*	2	超差不得分	
	35	*Ra*1.6 μm、*Ra*3.2 μm	4	降级不得分	
	36	一般尺寸	1	超差不得分	

续表

项目	序号	技术要求	配分	评分标准	得分
配合件（5%）	37	（0.5 ±0.1） mm	5	超差 0.02 mm 扣 1 分	
安全文明生产（5%）	38	安全操作	2.5	不按安全操作规程操作全扣	
	39	机床清理	2.5	不合格全扣	
总得分					

二、小组评价

把个人加工好的侧面圆弧配合件先进行分组展示，再由小组推荐代表作必要的介绍。在展示的过程中，以小组为单位进行评价；评价完成后，根据其他组成员对本小组展示成果的评价意见进行归纳总结。完成如下项目：

（1）展示的侧面圆弧配合件符合技术标准吗？

很好□　　　　一般□　　　　不准确□

（2）本小组介绍成果表达是否清晰？

很好□　　　　一般，常补充□　　　　不清晰□

（3）本小组演示的侧面圆弧配合件加工方法和操作正确吗？

正确□　　　　部分正确□　　　　不正确□

（4）本小组演示操作时遵循了“6S”的工作要求吗？

符合工作要求□　　　　忽略了部分要求□　　　　完全没有遵循□

（5）本小组的检测量具保养完好吗？

良好□　　　　一般□　　　　不合要求□

（6）本小组成员的团队创新精神如何？

良好□　　　　一般□　　　　不足□

三、教师评价

教师对展示的作品分别作评价。

1. 找出各组的优点进行点评。

2. 对展示过程中各组的缺点进行点评，提出改进方法。

3. 对整个任务完成中出现的亮点和不足进行点评。

四、总结提升

1. 计算你所加工侧面圆弧配合件的成本，包括材料、工时、工具及设备损耗，并调研其市场价格，两者的差价是多少?

2. 结合自身任务完成情况，通过交流讨论等方式较全面规范地撰写本次任务的工作总结。

工作总结（心得体会）

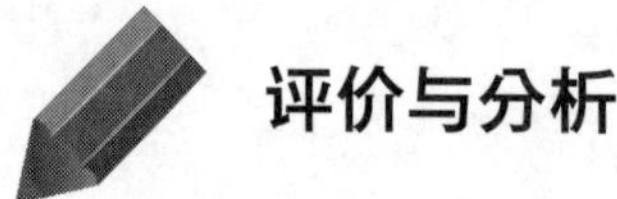

评价与分析

学习任务二评价表

班级：__________ 姓名：__________ 学号：__________

<table>
<tr><th rowspan="3">项目</th><th colspan="3">自我评价</th><th colspan="3">小组评价</th><th colspan="3">教师评价</th></tr>
<tr><th>10 ~ 9</th><th>8 ~ 6</th><th>5 ~ 1</th><th>10 ~ 9</th><th>8 ~ 6</th><th>5 ~ 1</th><th>10 ~ 9</th><th>8 ~ 6</th><th>5 ~ 1</th></tr>
<tr><th colspan="3">占总评 10%</th><th colspan="3">占总评 30%</th><th colspan="3">占总评 60%</th></tr>
<tr><td>学习活动 1</td><td></td><td></td><td></td><td></td><td></td><td></td><td></td><td></td><td></td></tr>
<tr><td>学习活动 2</td><td></td><td></td><td></td><td></td><td></td><td></td><td></td><td></td><td></td></tr>
<tr><td>学习活动 3</td><td></td><td></td><td></td><td></td><td></td><td></td><td></td><td></td><td></td></tr>
<tr><td>学习活动 4</td><td></td><td></td><td></td><td></td><td></td><td></td><td></td><td></td><td></td></tr>
<tr><td>协作精神</td><td></td><td></td><td></td><td></td><td></td><td></td><td></td><td></td><td></td></tr>
<tr><td>纪律观念</td><td></td><td></td><td></td><td></td><td></td><td></td><td></td><td></td><td></td></tr>
<tr><td>表达能力</td><td></td><td></td><td></td><td></td><td></td><td></td><td></td><td></td><td></td></tr>
<tr><td>工作态度</td><td></td><td></td><td></td><td></td><td></td><td></td><td></td><td></td><td></td></tr>
<tr><td>安全意识</td><td></td><td></td><td></td><td></td><td></td><td></td><td></td><td></td><td></td></tr>
<tr><td>任务总体表现</td><td></td><td></td><td></td><td></td><td></td><td></td><td></td><td></td><td></td></tr>
<tr><td>小计</td><td colspan="3"></td><td colspan="3"></td><td colspan="3"></td></tr>
<tr><td>总评</td><td colspan="9"></td></tr>
</table>

任课教师：________ 年 月 日

学习任务三　二次曲线配合件的数控铣加工

学习目标

1. 能根据加工任务，讨论并制订合理的工作计划。

2. 能正确分析二次曲线配合件的零件图和装配图，确定加工基准和装配基准，并在图样上标注。

3. 能借助技术手册、网络等渠道查阅资料，并分析加工工艺，选择切削用量、刀具及工装夹具，预估加工工时。

4. 能正确编制二次曲线配合件的加工程序，特别是正弦曲线程序的编制。

5. 能正确应用平口钳夹具对工件进行多工位装夹。

6. 能止确选用铰刀、立铣刀、面铣刀、倒角钻等刀具，并熟练使用。

7. 能根据加工要求，正确操作数控铣床，完成二次曲线配合件的数控加工。

8. 能根据二次曲线配合件图样，合理选择检验工、量具，确定检测方法和记录几何误差值。

9. 能根据测量结果分析误差产生的原因，并改进工艺。

10. 能进行工时及成本核算。

11. 能规范进行机床保养和维护、清理场地、归置物品，完成交接班工作。

12. 能主动获取有效信息，展示工作成果，对学习与工作进行反思总结，并能与他人开展良好合作，进行有效沟通。

建议学时

100 学时

工作情境描述

某企业定制一批二次曲线配合件（三种配合），数量为 30 套，来料加工，材料为 2A12，毛坯尺寸为 125 mm×85 mm×40 mm，交货期为 17 天。生产主管部门将生产任务交予数控加工组完成。

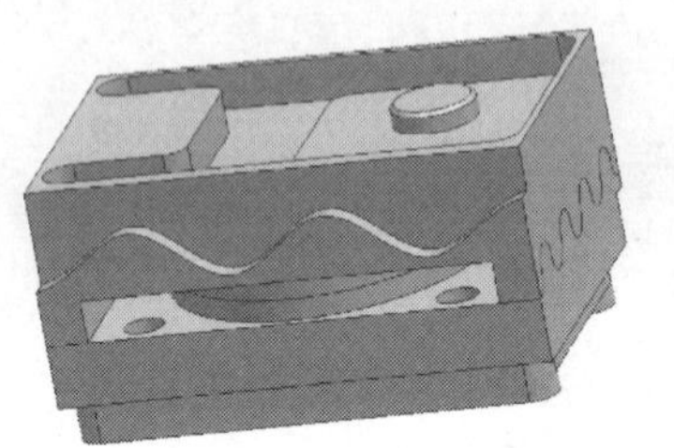
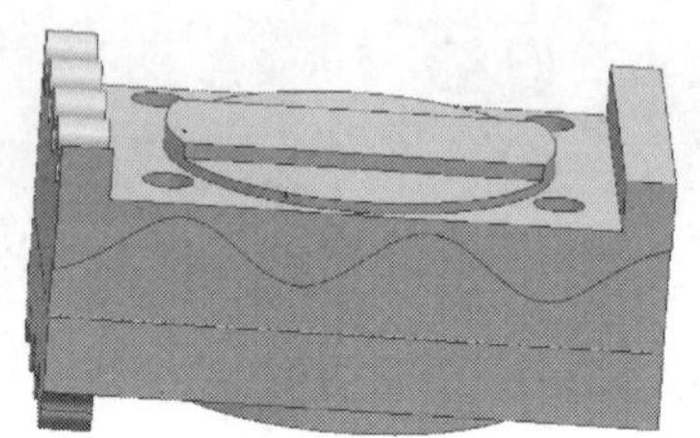

工作流程与活动

1. 二次曲线配合件的加工工艺分析与编程（42 学时）
2. 二次曲线配合件的加工（48 学时）
3. 二次曲线配合件的检验与质量分析（6 学时）
4. 工作总结与评价（4 学时）

学习活动1　二次曲线配合件的加工工艺分析与编程

学习目标

1. 能认真阅读生产任务单，分析任务特点并制订工作计划。
2. 能正确识读二次曲线配合件的零件图和装配图。
3. 能运用 CAXA 电子图板或 AutoCAD 软件完成图形绘制，并能正确打印输出。
4. 能确定二次曲线配合件的定位装夹方式。
5. 能根据铰刀、立铣刀、盘铣刀、倒角钻等的用途，正确选择加工所用刀具。
6. 能正确填写二次曲线配合件的加工工艺卡。
7. 能根据所用刀具材料及加工对象，查阅相关资料，确定切削用量。
8. 能根据加工工艺分析，合理制订每道加工工序。
9. 能正确填写二次曲线配合件的加工工序卡。
10. 能运用 CAXA 电子图板或 AutoCAD 软件，正确找出图样中主要基点坐标值。
11. 能根据子程序的概念和格式，正确完成轮廓分层切削的程序编制。
12. 能根据图样尺寸要求，合理选择和应用孔加工固定循环指令。
13. 能根据图样要求，正确选择重复规则图素的编程指令。
14. 能根据加工路线制订原则，合理确定零件不同轮廓面的加工路线，并找出其编程原点。
15. 能灵活选用宏程序变量和相应控制语句，完成二次曲线的程序编写，并填写程序卡。

建议学时　42 学时

学习过程

一、阅读生产任务单

生产任务单

需方单位名称				完成日期	年　月　日	
序号	产品名称	材料	数量	技术标准和质量要求		
1	二次曲线配合件	2A12	30套	按图样要求		
2						
3						
4						
生产批准时间		年　月　日	批准人			
通知任务时间		年　月　日	发单人			
接单时间		年　月　日	接单人		生产班组	数控加工组

1. 二次曲线的定义是什么？在数控铣床上可以通过什么方法完成二次曲线的加工？用直线或圆弧插补指令来编程可以吗？

2. 本次任务所用的材料是什么？2A12 的含义是什么？铝材料其他的牌号是如何定义的？

3. 本生产任务工期为 17 天，依据任务要求，制订合理的工作计划，并根据小组成员的特点进行分工。

序号	工作内容	时间	成员	负责人
1	工艺分析			
2	工序制订			
3	编制程序			
4	数控铣床加工			
5	成品检验与质量分析			

二、图样分析

二次曲线配合件如下图所示。

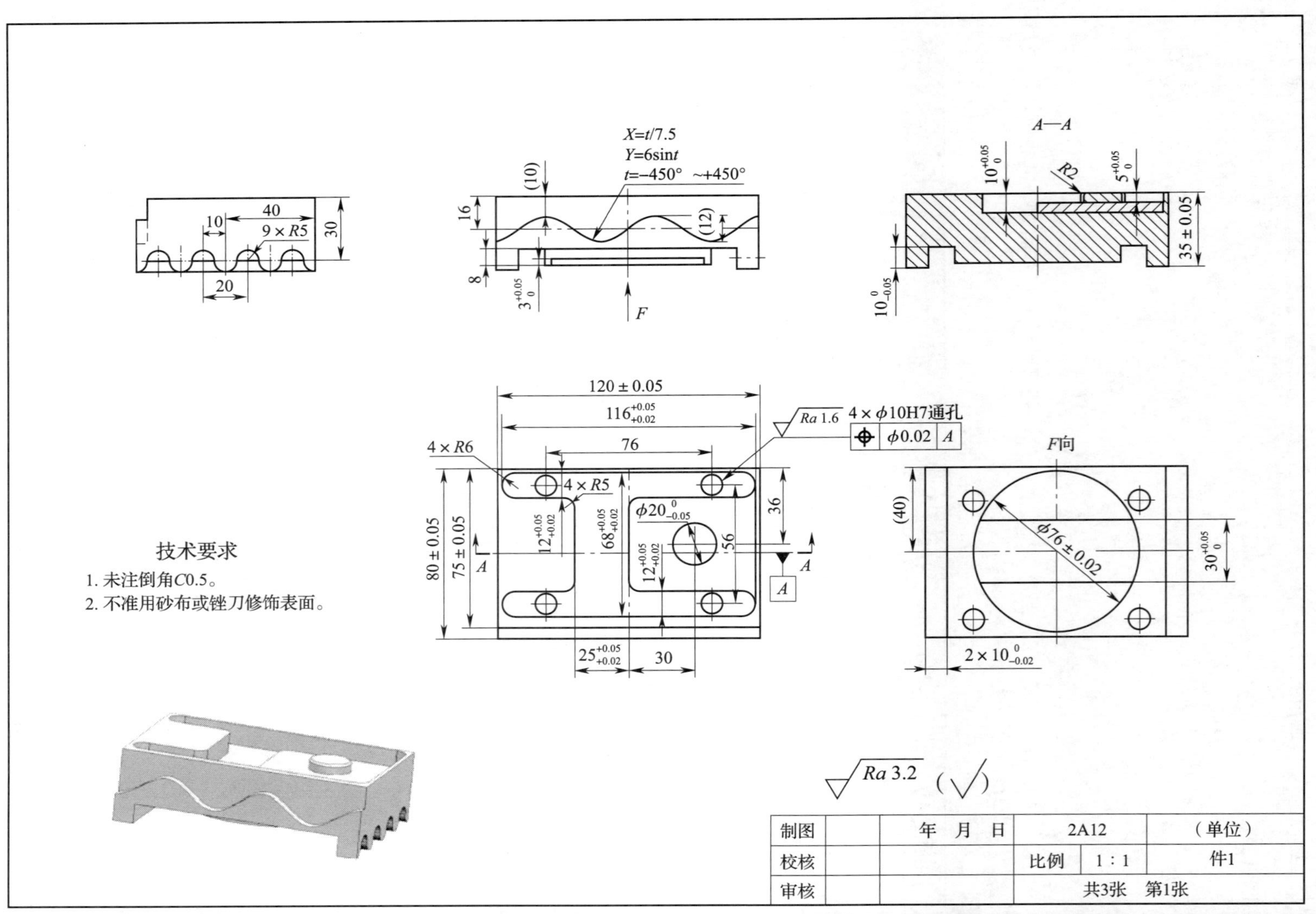
A—A
F向
X=t/7.5
Y=6sint
t=−450° ~+450°
4×ϕ10H7通孔
ϕ0.02 A
Ra 1.6
技术要求
1. 未注倒角C0.5。
2. 不准用砂布或锉刀修饰表面。
Ra 3.2 (√)
制图
校核
审核
年 月 日
2A12
（单位）
比例 1∶1
件1
共3张 第1张

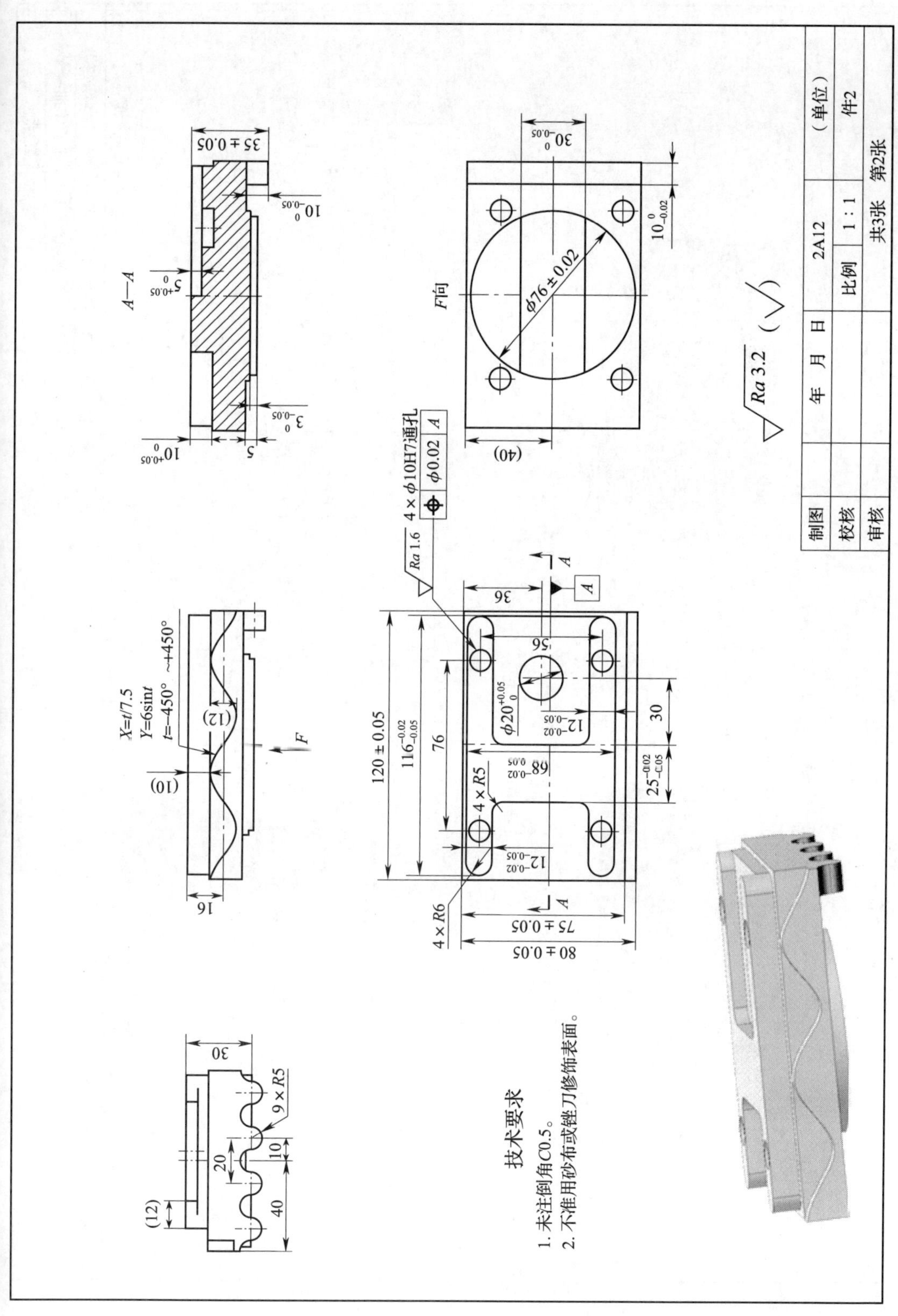

A—A
35±0.05
$10^{\ 0}_{-0.05}$
$5^{+0.05}_{\ 0}$
$3^{\ 0}_{-0.05}$
$10^{+0.05}_{\ 0}$
5
$30^{\ 0}_{-0.05}$
$10^{\ 0}_{-0.02}$
F向
$\phi76\pm0.02$
(40)
$4\times\phi10$H7通孔
$\phi0.02$ A
Ra 1.6
Ra 3.2 (√)
X=t/7.5
Y=6sint
t=-450° ~+450°
(12)
(10)
F
16
A
36
56
$\phi20^{+0.05}_{\ 0}$
$12^{-0.02}_{-0.05}$
30
76
$68^{-0.02}_{-0.05}$
$25^{-0.02}_{-0.05}$
$4\times R5$
120±0.05
$116^{-0.02}_{-0.05}$
$4\times R6$
75±0.05
80±0.05
30
$9\times R5$
10
20
40
(12)
技术要求
1. 未注倒角C0.5。
2. 不准用砂布或锉刀修饰表面。
制图
校核
审核
年 月 日
比例
1：1
2A12
（单位）
件2
共3张
第2张

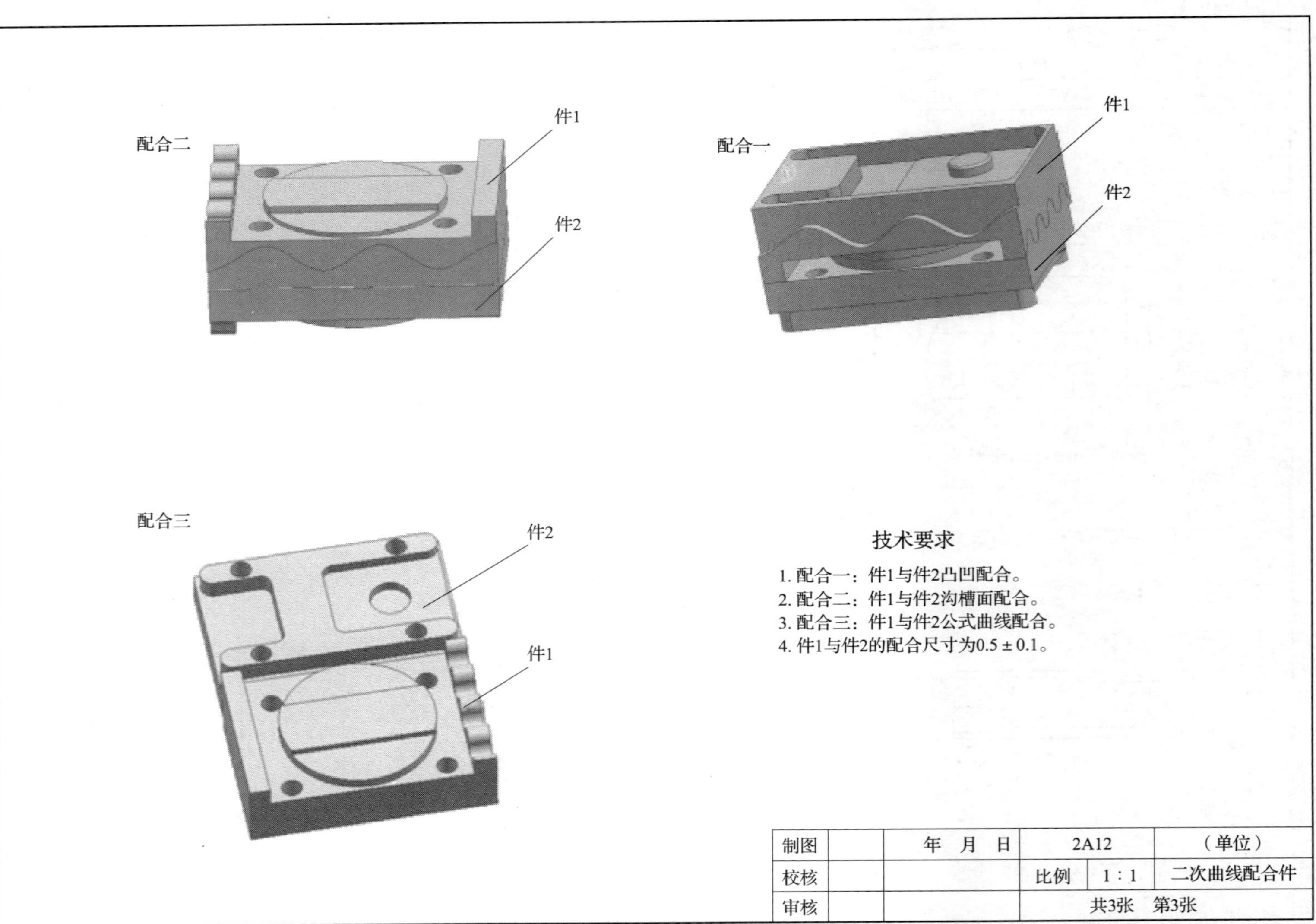
配合二
件1
件2
配合一
件1
件2
配合三
件2
件1
技术要求
1. 配合一：件1与件2凸凹配合。
2. 配合二：件1与件2沟槽面配合。
3. 配合三：件1与件2公式曲线配合。
4. 件1与件2的配合尺寸为0.5±0.1。
制图
年 月 日
2A12
（单位）
校核
比例
1：1
二次曲线配合件
审核
共3张 第3张

1. 分析零件图样，在下表中写出二次曲线配合件的主要加工尺寸、几何公差要求和表面质量要求，并进行相应的尺寸公差计算，为零件的编程做准备。

件 1 图样分析

序号	项目	内容	偏差范围（数值）
1	件 1 主要加工尺寸		
2			
3			
4			
5			
6			
7			
8			
9			
10			
11			
12			
13			
14			
15			
16			
17			
18			
19			
20			
21	件 1 几何公差要求		
22			
23	件 1 表面质量要求		
24			

件 2 图样分析

序号	项目	内容	偏差范围（数值）
1	件 2 主要加工尺寸		
2			
3			
4			
5			
6			
7			
8			
9			
10			
11			
12			
13			
14			
15			
16			
17			
18			
19			
20			
21	件 2 几何公差要求		
22			
23	件 2 表面质量要求		
24			

2. 解释装配图中技术要求的含义，并在图样上标记出装配基准。

3. 该零件的主要定位尺寸有哪些？定形尺寸有哪些？在图样上标记出加工基准。

4. 运用 CAXA 电子图板或 AutoCAD 软件绘制图样，将打印的图样贴在此处。

三、加工工艺分析

1. 选择设备

选择哪种数控铣床加工此二次曲线配合件？写出数控铣床的型号。

2. 确定二次曲线配合件的定位基准和装夹方式

(1) 根据现有毛坯形状，加工零件正反面轮廓时，应选用________夹具装夹工件，以________作为定位基准。

（2）加工侧面正弦曲线时，应选用________夹具装夹工件，如何装夹工件？如何正确找正工件中心？

（3）加工侧面 $9 \times R5$ mm 的波浪圆弧时，应选用________夹具装夹工件，如何装夹工件？如何正确找正工件中心？

3．选择刀具

（1）数控铣床上常用硬质合金可转位式面铣刀来加工平面。本次加工应选用 ϕ ______mm 数控硬质合金可转位式面铣刀，刀齿数为________齿。

（2）ϕ20 mm 的孔选用__________刀具加工。

（3）$4 \times \phi$10H7 的孔选用__________刀具加工。

（4）加工件 1 的 H 形内轮廓时，有 4 处 $R6$ mm 圆弧，选用的刀具尺寸与 $R6$ mm 必须有怎样的关系？否则刀具与工件之间会产生干涉，无法加工。

（5）轮廓的倒角选用__________刀具加工。

4．确定加工路线

（1）下图为二次曲线配合件中每道工序的加工实体效果图。确定其主要加工路线，将正确序号填入括号中。

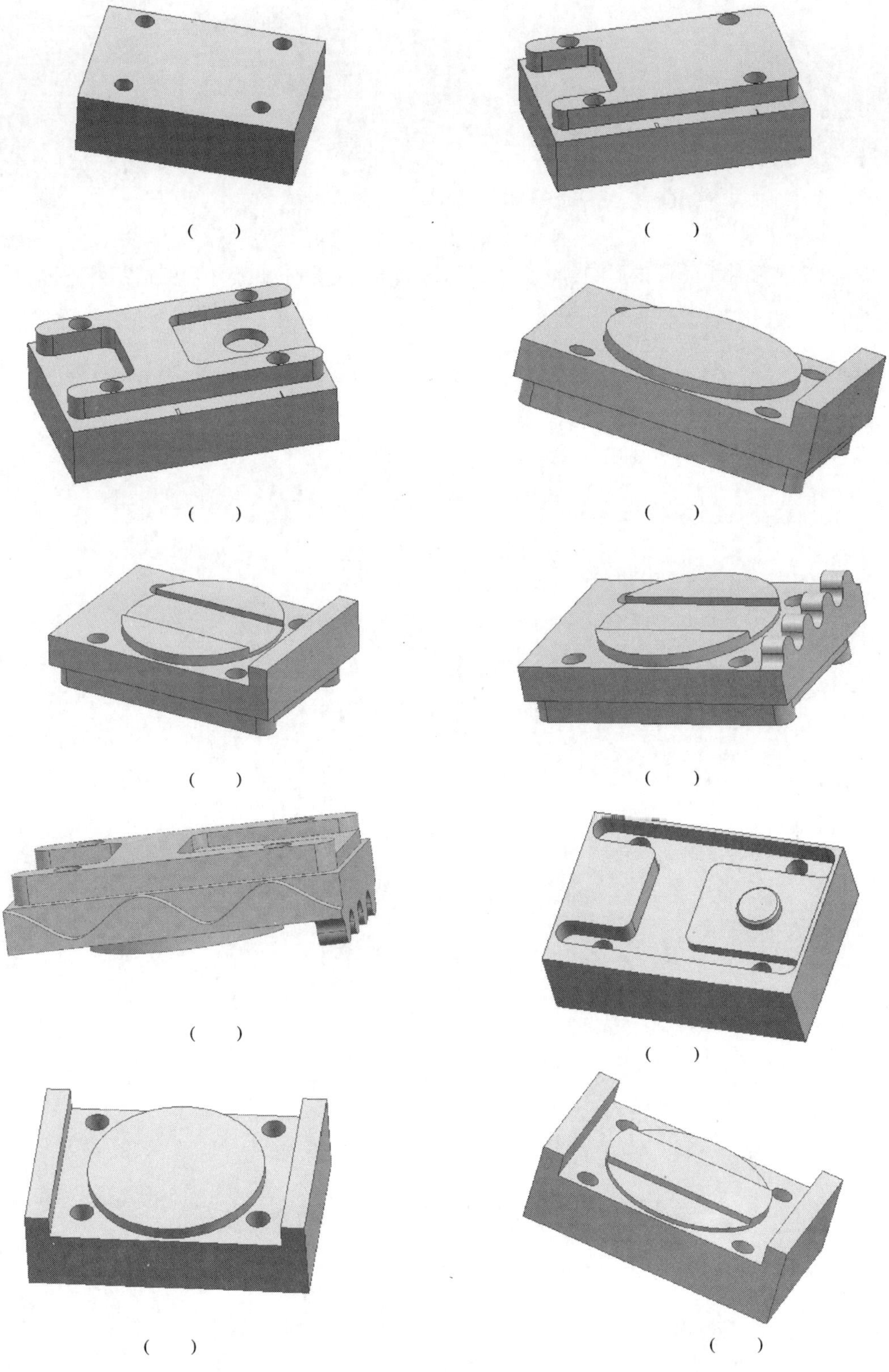

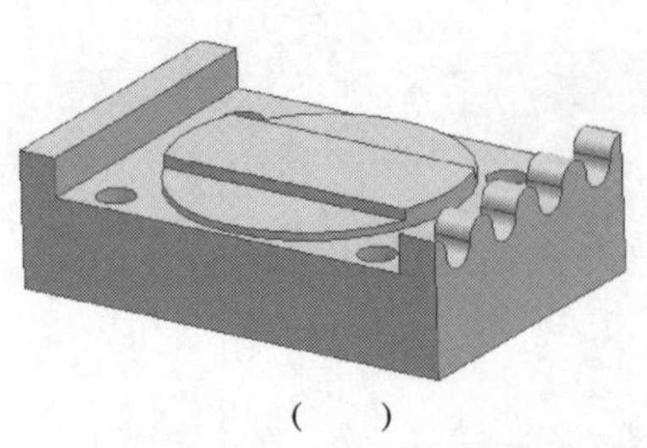
（　　）

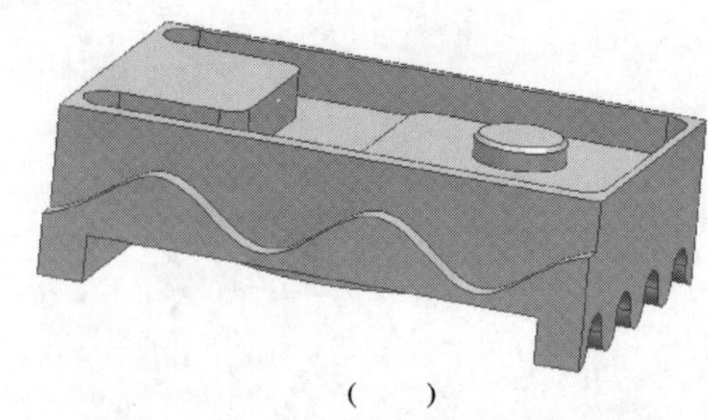
（　　）

（2）加工件 1 正面内形腔时，先加工圆形凸台，还是先加工 H 形凹槽？为什么？

（3）加工件 2 正面外形腔时，先加工左侧深度为 10 mm 的 H 形凸槽，还是先加工右侧深度为 5 mm 的 U 形轮廓？为什么？

5. 填写数控加工工艺卡（可另附页）。

加工工艺卡

（单位名称）	加工工艺卡	产品名称		图号				
		零件名称		数量				第　页
材料种类		材料成分		毛坯尺寸				共　页
工序号	工序内容	车间	设备	工具			计划工时	实际工时
				夹具	量具	刀具		
				设计（日期）	校正	审核	批准	
标记	更改号	更改者	日期					

四、加工工序制订

1. 本任务中加工工序的制订遵守哪项原则？为什么？

2. 二次曲线配合件的加工难点如何解决？

3．填写加工工序卡（可另附页）。

件 1 正面轮廓加工工序卡	产品型号		零件图号			
	产品名称		零件名称		共　页	第　页
工序简图		车间	工序号	工序名称	材料牌号	
		毛坯种类	毛坯外形尺寸	每毛坯可制件数	每台件数	
		设备名称	设备型号	设备编号	同时加工件数	
		夹具编号	夹具名称	切削液		
		工位器具编号	工位器具名称	工序工时(分)		
				准终	单件	

工步号	工步内容	工艺装备	主轴转速 r/min	切削速度 m/min	进给量 mm/r	背吃刀量 mm	进给次数	工步工时 机动	工步工时 辅助

	设计（日期）	校对（日期）	审核（日期）	标准化（日期）	会签（日期）

件 1 反面轮廓加工工序卡	产品型号		零件图号			
	产品名称		零件名称		共　页	第　页

工序简图	车间	工序号	工序名称	材料牌号
	毛坯种类	毛坯外形尺寸	每毛坯可制件数	每台件数
	设备名称	设备型号	设备编号	同时加工件数

夹具编号	夹具名称	切削液	
工位器具编号	工位器具名称	工序工时(分)	
		准终	单件

工步号	工步内容	工艺装备	主轴转速 r/min	切削速度 m/min	进给量 mm/r	背吃刀量 mm	进给次数	工步工时 机动	工步工时 辅助

设计（日期）	校对（日期）	审核（日期）	标准化（日期）	会签（日期）

件 1 侧面正弦曲线加工工序卡	产品型号		零件图号			
	产品名称		零件名称		共　页	第　页

工序简图

车间	工序号	工序名称	材料牌号
毛坯种类	毛坯外形尺寸	每毛坯可制件数	每台件数
设备名称	设备型号	设备编号	同时加工件数

夹具编号	夹具名称	切削液	
工位器具编号	工位器具名称	工序工时(分)	
		准终	单件

工步号	工步内容	工艺装备	主轴转速	切削速度	进给量	背吃刀量	进给次数	工步工时	
			r/min	m/min	mm/r	mm		机动	辅助

设计（日期）	校对（日期）	审核（日期）	标准化（日期）	会签（日期）

件 1 侧面波浪圆弧加工工序卡	产品型号		零件图号			
	产品名称		零件名称		共 页	第 页

工序简图	车间	工序号	工序名称	材料牌号
	毛坯种类	毛坯外形尺寸	每毛坯可制件数	每台件数
	设备名称	设备型号	设备编号	同时加工件数
	夹具编号	夹具名称	切削液	
	工位器具编号	工位器具名称	工序工时(分)	
			准终	单件

工步号	工步内容	工艺装备	主轴转速 r/min	切削速度 m/min	进给量 mm/r	背吃刀量 mm	进给次数	工步工时	
								机动	辅助

设计（日期）	校对（日期）	审核（日期）	标准化（日期）	会签（日期）

件 2 正面轮廓加工工序卡	产品型号		零件图号			
	产品名称		零件名称		共　页	第　页

工序简图	车间	工序号	工序名称	材料牌号
	毛坯种类	毛坯外形尺寸	每毛坯可制件数	每台件数
	设备名称	设备型号	设备编号	同时加工件数
	夹具编号	夹具名称	切削液	
	工位器具编号	工位器具名称	工序工时(分) 准终	单件

工步号	工步内容	工艺装备	主轴转速 r/min	切削速度 m/min	进给量 mm/r	背吃刀量 mm	进给次数	工步工时 机动	工步工时 辅助

设计（日期）	校对（日期）	审核（日期）	标准化（日期）	会签（日期）

件 2 反面轮廓加工工序卡	产品型号		零件图号			
	产品名称		零件名称		共　页	第　页

工序简图	车间	工序号	工序名称	材料牌号
	毛坯种类	毛坯外形尺寸	每毛坯可制件数	每台件数
	设备名称	设备型号	设备编号	同时加工件数

夹具编号	夹具名称	切削液	
工位器具编号	工位器具名称	工序工时(分)	
		准终	单件

工步号	工步内容	工艺装备	主轴转速	切削速度	进给量	背吃刀量	进给次数	工步工时	
			r/min	m/min	mm/r	mm		机动	辅助

设计（日期）	校对（日期）	审核（日期）	标准化（日期）	会签（日期）

件 2 侧面波浪圆弧加工工序卡	产品型号		零件图号			
	产品名称		零件名称		共　页	第　页

工序简图	车间	工序号	工序名称	材料牌号
	毛坯种类	毛坯外形尺寸	每毛坯可制件数	每台件数
	设备名称	设备型号	设备编号	同时加工件数

夹具编号	夹具名称	切削液	
工位器具编号	工位器具名称	工序工时(分)	
		准终	单件

工步号	工步内容	工艺装备	主轴转速 r/min	切削速度 m/min	进给量 mm/r	背吃刀量 mm	进给次数	工步工时 机动	工步工时 辅助

设计（日期）	校对（日期）	审核（日期）	标准化（日期）	会签（日期）

件2侧面正弦曲线加工工序卡	产品型号		零件图号			
	产品名称		零件名称		共　页	第　页

工序简图	车间	工序号	工序名称	材料牌号
	毛坯种类	毛坯外形尺寸	每毛坯可制件数	每台件数
	设备名称	设备型号	设备编号	同时加工件数

夹具编号	夹具名称	切削液	
工位器具编号	工位器具名称	工序工时(分)	
		准终	单件

工步号	工步内容	工艺装备	主轴转速 r/min	切削速度 m/min	进给量 mm/r	背吃刀量 mm	进给次数	工步工时 机动	工步工时 辅助

设计（日期）	校对（日期）	审核（日期）	标准化（日期）	会签（日期）

五、加工程序编制

1. 列举加工二次曲线配合件所用的主要 G 指令和 M 代码（以 FANUC 0i 系统为例）。

指令	名称	编程格式	用途
G83			
G85			
G80			
G41			
G42			
G40			
G02			
G03			
G00			
G01			
M98			
M99			
G99			
G54			

2. 根据加工路线，确定加工件 1 正反表面轮廓时的编程坐标系原点，并求出主要基点坐标值，记录下主要数据。

3. 根据加工路线，确定加工件 1 侧面 $9 \times R5$ mm 波浪弧时的编程坐标系原点，并求出主要基点坐标值，记录下主要数据。

4. 宏程序相关知识

(1) 宏程序最主要的特征是使用变量。查阅资料，指出变量编程与定量编程的区别在哪里，变量编程有什么特点。

(2) 变量用字符“#”以及后续的变量号表示。判断下列变量的正误。

#10; 正确( ) 错误( )

#110 = #1 + #2; 正确( ) 错误( )

#103 = #104 * cos#105; 正确( ) 错误( )

(3) 查阅资料，举例说明变量有哪几种类型?

(4) 变量的运算顺序是怎样规定的? 查阅参考资料，说出下列几种运算符的含义。

EQ:

NE:

GE:

GT:

LE:

LT:

SQRT:

(5) 查阅参考资料，写出宏程序控制指令的3种格式，并解释下列程序段的含义。

程序段 1

```
GOTO 11;
GOTO #10;
```

程序段 2

```
……;
……;
IF [#1LT30] GOTO 10;
……;
……;
N10……;
```

程序段 3

```
……;
#1 =5;
WHILE [#1LE30] DO 1;
#1 =#1 +5;
G00 X#1 Y#1;
END 1;
M30;
```

(6) 编写下图所示椭圆程序（以 FANUC 0i 系统为例）。

编写思路提示：

a. 编程时的坐标计算根据椭圆公式推出 Y 值（也可以按角度推出）。

b. 给定一个 X 值，计算出对应的 Y 值，再用直线插补至计算的目标位置。每运动一次修改一次 X 值，直至整个椭圆完成。

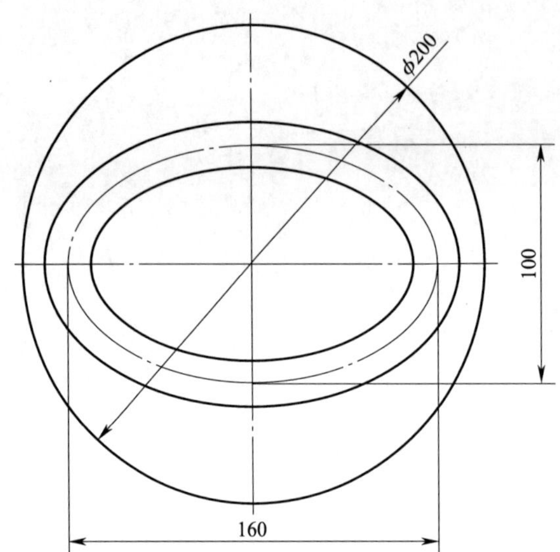

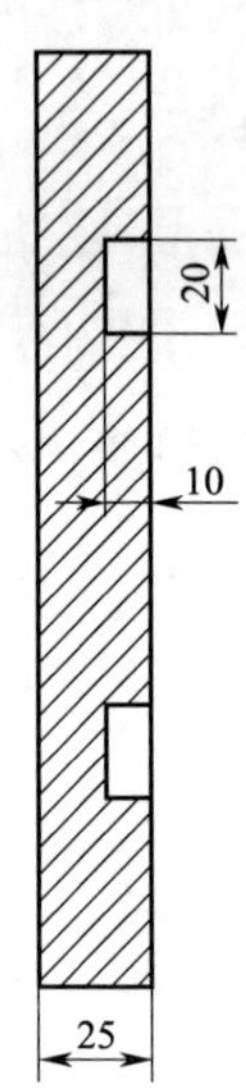

(7) 编写下图所示正弦曲线程序（以 FANUC 系统为例）。

编写思路提示：正弦曲线由非圆曲线组成。在此程序的编写过程中，依靠正弦曲线方程，把 Y 方向的值表示出来，而在程序中，使 X 方向从起始值 0 以 50.0/360 的递增值逐步增大到 50.0，而正弦曲线的角度值从 0°增加到 360°（仅编精加工程序供参考）。

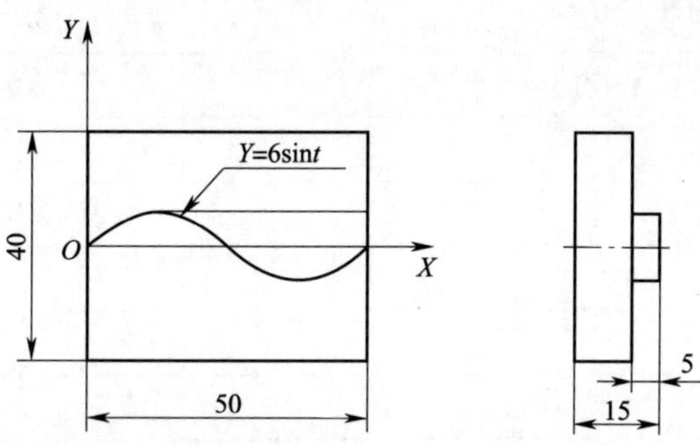


```
O0010;
G90 G54 G17 G40 G21;
M03 S600;
M08;
#1 =0;                        起始角度
#2 =360;                      终止角度
#3 =0;                        X 方向起始值
#4 =50/#2                     X 方向增量值
N10 #3 =#3 +#4;               计算 X 方向的值
#5 =6 * SIN [#1]              计算 Y 方向的值
G41 G01 X#3 Y#5 D01 F100;
Z -5.0;                       Z 方向进给
#1 =#1 +1;                    计算角度值
IF [#1LE#2] GOTO 10;          判定条件语句
G40 G01 Y10;
G00 Z50;
M05;
M09;
M30;
```

5. 填写二次曲线配合件的程序卡（可另附页）。

二次曲线配合件程序卡

<table>
<tr><td rowspan="3">数控铣床程序卡</td><td>零件名称</td><td></td><td>编写日期</td><td></td></tr>
<tr><td>夹具名称</td><td></td><td>材料名称</td><td></td></tr>
<tr><td>机床型号</td><td></td><td>实训车间</td><td></td></tr>
<tr><td>程序号</td><td colspan="2">程序</td><td colspan="2">注解说明</td></tr>
<tr><td></td><td colspan="2"></td><td colspan="2"></td></tr>
<tr><td></td><td colspan="2"></td><td colspan="2"></td></tr>
<tr><td></td><td colspan="2"></td><td colspan="2"></td></tr>
<tr><td></td><td colspan="2"></td><td colspan="2"></td></tr>
<tr><td></td><td colspan="2"></td><td colspan="2"></td></tr>
<tr><td></td><td colspan="2"></td><td colspan="2"></td></tr>
<tr><td></td><td colspan="2"></td><td colspan="2"></td></tr>
<tr><td></td><td colspan="2"></td><td colspan="2"></td></tr>
<tr><td></td><td colspan="2"></td><td colspan="2"></td></tr>
<tr><td></td><td colspan="2"></td><td colspan="2"></td></tr>
<tr><td></td><td colspan="2"></td><td colspan="2"></td></tr>
<tr><td></td><td colspan="2"></td><td colspan="2"></td></tr>
<tr><td></td><td colspan="2"></td><td colspan="2"></td></tr>
<tr><td></td><td colspan="2"></td><td colspan="2"></td></tr>
<tr><td></td><td colspan="2"></td><td colspan="2"></td></tr>
<tr><td></td><td colspan="2"></td><td colspan="2"></td></tr>
<tr><td></td><td colspan="2"></td><td colspan="2"></td></tr>
<tr><td></td><td colspan="2"></td><td colspan="2"></td></tr>
<tr><td></td><td colspan="2"></td><td colspan="2"></td></tr>
<tr><td></td><td colspan="2"></td><td colspan="2"></td></tr>
<tr><td></td><td colspan="2"></td><td colspan="2"></td></tr>
<tr><td></td><td colspan="2"></td><td colspan="2"></td></tr>
<tr><td></td><td colspan="2"></td><td colspan="2"></td></tr>
</table>

续表

程序号	程序	注解说明

续表

程序号	程序	注解说明

学习活动 2　二次曲线配合件的加工

学习目标

1. 能根据现场条件，查阅相关资料，领取符合加工技术要求的工、量、刃具。

2. 能按图样要求，测量毛坯外形尺寸，判断毛坯是否有足够的加工余量。

3. 能掌握切削液的种类和使用场合，正确选择加工任务要用的切削液。

4. 能正确安装通用夹具，并会用百分表对其进行校正。

5. 能正确规范地装夹立铣刀、面铣刀和铰刀等刀具。

6. 能严格执行车间管理规定，正确规范地操作机床。

7. 能适时检测、装配、调整，检验是否达到装配工艺要求，并填写相关文档。

8. 能按产品工艺流程和车间要求进行产品交接，并规范填写交接班记录。

9. 能严格按照车间管理规定，正确规范地保养数控铣床。

建议学时　48 学时

学习过程

一、加工准备

1. 领取工、量、刃具，并填写工、量、刃具清单。

工、量、刃具清单

序号	名称	规格	数量	备注
1				
2				
3				
4				
5				
6				
7				
8				
9				
10				

2. 领取毛坯料并测量毛坯外形尺寸，判断毛坯是否有足够的加工余量。记录所领毛坯料的实际尺寸。

3. 根据加工对象及所用刀具，选择本次加工所用切削液。

二、加工过程

1．机床准备

（1）作开启机床前的各项常规检查工作。

（2）规范启动机床。

（3）机床各轴回参考点。

（4）输入数控加工程序并校验。

2．安装夹具并校正，装夹工件并校正

装夹时需要在平口钳下垫上垫铁，特别是第二次装夹时，一定要将工件与垫铁贴平，这样才能保证零件的平行度要求。

3．装夹刀具。

4．对刀。

5．输入刀补数值。

6．加工

（1）转入自动加工模式。粗加工完毕后，精确测量加工尺寸，根据测量结果，修改刀补，再进行精加工。若粗加工尺寸误差较大，分析误差原因。

（2）加工过程中，需适时地检测和试配件 1 和件 2 的三种配合情况。

1）若件 1 与件 2 的侧面波浪圆弧无法配合，分析是什么原因造成的。根据加工余量情况，确定能否进行修整。若不能，详细分析报废的原因。

2）若件 1 与件 2 的侧面正弦曲线无法配合，分析是什么原因造成的。根据加工余量情况，确定能否进行修整。若不能，详细分析报废的原因。

3）若件 1 与件 2 的凹凸沟槽无法配合，分析是什么原因造成的。根据加工余量情况，确定能否进行修整。若不能，详细分析报废的原因。

7. 根据零件加工路径，估算零件加工时间。

三、保养机床和清理场地

加工完毕后，正确放置零件，并进行产品交接确认。按照国家环保相关规定和车间要求整理现场，清扫切屑，保养机床，并正确处置废油液等废弃物；按车间规定填写交接班记录（附表 1）和设备日常保养记录卡（附表 2）。

学习活动 3　二次曲线配合件的检验与质量分析

学习目标

1. 能根据图样，合理选择检验工、量具，确定检测方法。

2. 能根据二次曲线配合件的测量结果，分析误差产生的原因。

3. 能正确规范地使用工、量具，并对其进行合理保养和维护。

4. 能按检验室管理要求，正确放置检验工、量具。

建议学时　6 学时

学习过程

一、领取检测用工、量具

填写检测二次曲线配合件所需的工、量具。

检测用工、量具

序号	名称	规格（精度）	检测内容	备注

二、二次曲线配合件成品检测

检测二次曲线配合件成品，并将检测结果填写在下表中。

二次曲线配合件评测表（可另附页）

序号	技术要求	检测结果	结论
1			
2			
3			
4			
5			
6			
7			
8			
9			
10			
11			
12			
13			
14			
二次曲线配合件检测结论			

三、不合格产品原因分析

归纳加工二次曲线配合件时产生废品的原因及预防方法（每项至少写出三项）。

加工二次曲线配合件时产生废品的原因及预防方法

废品种类	产生原因	预防方法
尺寸超差		

续表

废品种类	产生原因	预防方法
位置度超差		
表面粗糙度降级		
两侧面正弦曲线达不到配合要求		
两侧面 9 × *R*5 mm 圆弧达不到配合要求		
件 1 和件 2 凹凸槽达不到配合要求		

四、整理和保养工、量具

工、量具使用后，对其进行整理和保养，并按检验室管理要求交还工、量具。

学习活动4 工作总结与评价

学习目标

1. 能以小组为单位分别派代表展示工作成果，说明本次任务的完成情况，并作分析总结。

2. 能结合自身任务完成情况，正确规范地撰写工作总结（心得体会）。

3. 能就本次任务中出现的问题提出改进措施。

4. 能对学习与工作进行反思总结，并能与他人开展良好合作，进行有效沟通。

建议学时 4学时

学习过程

一、个人评价

按下表评分标准进行个人评价。

个人综合评价表

项目	序号	技术要求	配分	评分标准	得分
机床操作（15%）	1	正确开启机床，检查	3	不正确、不合理无分	
	2	机床返回参考点	3	不正确、不合理无分	
	3	程序的输入及修改	3	不正确、不合理无分	
	4	程序空运行轨迹检查	3	不正确、不合理无分	
	5	对刀的方式和方法	3	不正确、不合理无分	

续表

项目	序号	技术要求	配分	评分标准	得分
程序与工艺（25%）	6	程序格式规范	5	不合格每处扣3分	
	7	程序正确、完整	5	不合格每处扣3分	
	8	工艺合理	15	不合格每处扣2分	
件1 零件质量（25%）	9	ϕ（76±0.02）mm	0.5	超差0.02 mm扣0.25分	
	10	$2\times10_{-0.02}^{0}$ mm	0.5	超差0.02 mm扣0.25分	
	11	$30_{0}^{+0.05}$ mm	0.5	超差0.02 mm扣0.25分	
	12	$10_{0}^{+0.05}$ mm	0.5	超差0.02 mm扣0.25分	
	13	$5_{0}^{+0.05}$ mm	0.5	超差0.02 mm扣0.25分	
	14	$10_{-0.05}^{0}$ mm	0.5	超差0.02 mm扣0.25分	
	15	（35±0.05）mm	0.5	超差0.02 mm扣0.25分	
	16	$3_{0}^{+0.05}$ mm	0.5	超差0.02 mm扣0.25分	
	17	（120±0.05）mm	0.5	超差0.02 mm扣0.25分	
	18	（80±0.05）mm	0.5	超差0.02 mm扣0.25分	
	19	$116_{+0.02}^{+0.05}$ mm	0.5	超差0.02 mm扣0.25分	
	20	（75±0.05）mm	0.5	超差0.02 mm扣0.25分	
	21	$68_{+0.02}^{+0.05}$ mm	0.5	超差0.02 mm扣0.25分	
	22	$12_{+0.02}^{+0.05}$ mm（两处）	0.4	超差0.02 mm扣0.2分	
	23	$25_{+0.02}^{+0.05}$ mm	0.5	超差0.02 mm扣0.25分	
	24	正弦曲线	3	不合格不得分	
	25	$4\times\phi10H7$	1.2	超差0.02 mm扣0.6分	
	26	⌖ $\phi0.02$ A	2	超差不得分	
	27	$9\times R5$ mm	1.8	超差不得分	
	28	$4\times R5$ mm	0.8	超差不得分	
	29	$4\times R6$ mm	0.8	超差不得分	
	30	$Ra1.6$ μm、$Ra3.2$ μm	4	降级不得分	
	31	一般尺寸	4	超差不得分	
件2 零件质量（25%）	32	ϕ（76±0.02）mm	0.5	超差0.02 mm扣0.25分	
	33	$10_{-0.02}^{0}$ mm	0.5	超差0.02 mm扣0.25分	
	34	$30_{-0.05}^{0}$ mm	0.5	超差0.02 mm扣0.25分	
	35	$5_{0}^{+0.05}$ mm	0.5	超差0.02 mm扣0.25分	

续表

项目	序号	技术要求	配分	评分标准	得分
件2 零件质量 （25%）	36	$10^{+0.05}_{0}$ mm	0.5	超差0.02 mm扣0.25分	
	37	$3^{0}_{-0.05}$ mm	0.5	超差0.02 mm扣0.25分	
	38	$10^{0}_{-0.05}$ mm	0.5	超差0.02 mm扣0.25分	
	39	（35 ±0.05） mm	0.5	超差0.02 mm扣0.25分	
	40	（120 ±0.05） mm	0.5	超差0.02 mm扣0.25分	
	41	（80 ±0.05） mm	0.5	超差0.02 mm扣0.25分	
	42	$116^{-0.05}_{-0.02}$ mm	0.5	超差0.02 mm扣0.25分	
	43	（75 ±0.05） mm	0.5	超差0.02 mm扣0.25分	
	44	$68^{-0.05}_{-0.02}$ mm	0.5	超差0.02 mm扣0.25分	
	45	$12^{-0.05}_{-0.02}$ mm（两处）	0.8	超差0.02 mm扣0.4分	
	46	$25^{-0.05}_{-0.02}$ mm	0.5	超差0.02 mm扣0.25分	
	47	正弦曲线	3	不合格不得分	
	48	4 × ϕ10H7	0.8	超差0.02 mm扣0.4分	
	49	⌖ | ϕ0.02 | A	2	超差不得分	
	50	9 × R5 mm	1.8	超差不得分	
	51	4 × R5 mm	0.8	超差不得分	
	52	4 × R6 mm	0.8	超差不得分	
	53	Ra1.6 μm、Ra3.2 μm	4	降级不得分	
	54	一般尺寸	4	超差不得分	
配合件 （5%）	55	（0.5 ±0.1） mm	5	超差0.02 mm扣1分	
安全文明生产 （5%）	56	安全操作	2.5	不按安全操作规程 操作全扣	
	57	机床清理	2.5	不合格全扣	
总得分					

二、小组评价

把个人加工好的二次曲线配合件先进行分组展示，再由小组推荐代表作必要的介绍。在展示的过程中，以小组为单位进行评价；评价完成后，根据其他组成员对本小组展示成果的评价意见进行归纳总结。完成如下项目：

（1）展示的二次曲线配合件符合技术标准吗？

很好□　　　一般□　　　不准确□

（2）本小组介绍成果表达是否清晰？

很好□　　　一般，常补充□　　　不清晰□

（3）本小组演示的二次曲线配合件加工方法和操作正确吗？

正确□　　　部分正确□　　　不正确□

（4）本小组演示操作时遵循了“6S”的工作要求吗？

符合工作要求□　　　忽略了部分要求□　　　完全没有遵循□

（5）本小组的检测量具保养完好吗？

良好□　　　一般□　　　不合要求□

（6）本小组成员的团队创新精神如何？

良好□　　　一般□　　　不足□

三、教师评价

教师对展示的作品分别作评价。

1. 找出各组的优点进行点评。

2. 对展示过程中各组的缺点进行点评，提出改进方法。

3. 对整个任务完成中出现的亮点和不足进行点评。

四、总结提升

1. 计算你所加工二次曲线配合件的成本，包括材料、工时、工具及设备损耗，并调研其市场价格，两者的差价是多少？

2. 结合自身任务完成情况，通过交流讨论等方式较全面规范地撰写本次任务的工作总结。

工作总结（心得体会）

评价与分析

学习任务三评价表

班级：________　　　　姓名：________　　　　学号：________

项目	自我评价			小组评价			教师评价		
	10～9	8～6	5～1	10～9	8～6	5～1	10～9	8～6	5～1
	占总评 10%			占总评 30%			占总评 60%		
学习活动 1									
学习活动 2									
学习活动 3									
学习活动 4									
协作精神									
纪律观念									
表达能力									
工作态度									
安全意识									
任务总体表现									
小计									
总评									

任课教师：________　　年　　月　　日

学习任务四　薄壁插槽配合件的数控铣加工

学习目标

1. 能根据加工任务，讨论并制订合理的工作计划。

2. 能正确分析薄壁插槽配合件的零件图和装配图，确定加工基准和装配基准，并在图样上标注。

3. 能借助技术手册、网络等渠道查阅资料，并分析加工工艺，选择切削用量、刀具及工装夹具，预估加工工时。

4. 能正确编制薄壁插槽配合件的加工程序。

5. 能正确应用平口钳夹具对工件进行多工位装夹。

6. 能正确选用钻头、铰刀、螺纹铣刀、立铣刀、键槽铣刀、面铣刀、倒角钻等刀具，并熟练使用。

7. 能根据加工要求，正确操作数控铣床，完成薄壁插槽配合件的数控加工。

8. 能根据薄壁插槽配合件图样，合理选择检验工、量具，确定检测方法和记录几何误差值。

9. 能根据测量结果分析误差产生的原因，并改进工艺。

10. 能进行工时及成本核算。

11. 能规范进行机床保养和维护、清理场地、归置物品，完成交接班工作。

12. 能主动获取有效信息，展示工作成果，对学习与工作进行反思总结，并能与他人开展良好合作，进行有效沟通。

建议学时

100 学时

工作情境描述

某企业定制一批薄壁插槽配合件（两种配合），数量为 30 套，来料加工，材料为45 钢，毛坯已加工，尺寸分别为 ϕ120 mm × 110 mm × 35 mm 和 ϕ120 mm × 110 mm × 25 mm，交货期为 17 天。生产主管部门将生产任务交予数控加工组完成。

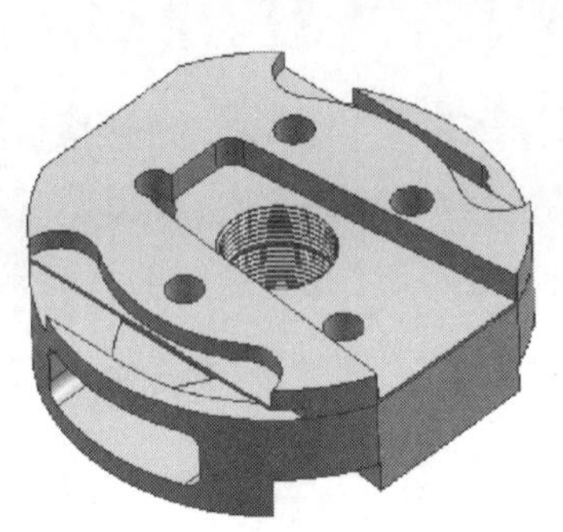
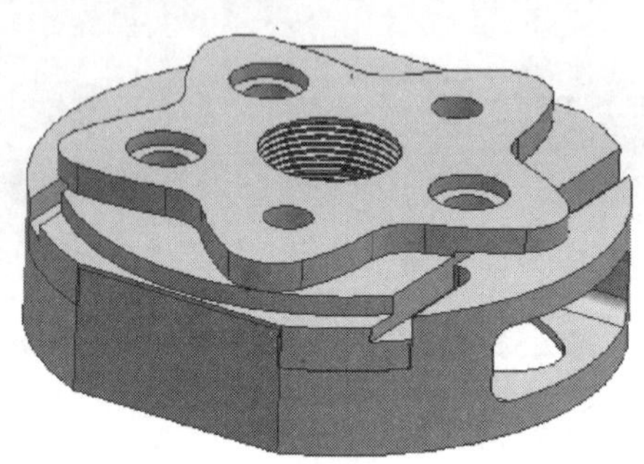

工作流程与活动

1. 薄壁插槽配合件的加工工艺分析与编程（42 学时）
2. 薄壁插槽配合件的加工（48 学时）
3. 薄壁插槽配合件的检验与质量分析（6 学时）
4. 工作总结与评价（4 学时）

学习活动1　薄壁插槽配合件的加工工艺分析与编程

学习目标

1. 能认真阅读生产任务单，分析任务特点并制订工作计划。

2. 能正确识读薄壁插槽配合件的零件图和装配图。

3. 能运用 CAXA 电子图板或 AutoCAD 软件完成图形绘制，并能正确打印输出。

4. 能确定薄壁插槽配合件的定位装夹方式。

5. 能根据钻头、铰刀、螺纹铣刀、立铣刀、盘铣刀、倒角钻等的用途，正确选择加工所用刀具。

6. 能正确填写薄壁插槽配合件的加工工艺卡。

7. 能根据所用刀具材料及加工对象，查阅相关资料，确定切削用量。

8. 能根据加工工艺分析，合理制订每道加工工序。

9. 能正确填写薄壁插槽配合件的加工工序卡。

10. 能运用 CAXA 电子图板或 AutoCAD 软件，正确找出图样中主要基点坐标值。

11. 能根据子程序的概念和格式，正确完成轮廓分层切削的程序编制。

12. 能根据图样尺寸要求，合理选择和应用孔加工固定循环指令。

13. 能根据图样加工要求，合理选择螺纹铣削指令。

14. 能根据加工路线制订原则，合理确定零件不同轮廓面的加工路线，并找出其编程原点。

15. 能正确编制薄壁插槽配合件的加工程序，并填写程序卡。

建议学时　42 学时

学习过程

一、阅读生产任务单

生产任务单

<table>
<tr><td colspan="2">需方单位名称</td><td colspan="2"></td><td>完成日期</td><td colspan="2">年 月 日</td></tr>
<tr><td>序号</td><td>产品名称</td><td>材料</td><td>数量</td><td colspan="3">技术标准和质量要求</td></tr>
<tr><td>1</td><td>薄壁插槽
配合件</td><td>45 钢</td><td>30 套</td><td colspan="3">按图样要求</td></tr>
<tr><td>2</td><td></td><td></td><td></td><td colspan="3"></td></tr>
<tr><td>3</td><td></td><td></td><td></td><td colspan="3"></td></tr>
<tr><td>4</td><td></td><td></td><td></td><td colspan="3"></td></tr>
<tr><td colspan="2">生产批准时间</td><td>年 月 日</td><td>批准人</td><td></td><td></td><td></td></tr>
<tr><td colspan="2">通知任务时间</td><td>年 月 日</td><td>发单人</td><td></td><td></td><td></td></tr>
<tr><td colspan="2">接单时间</td><td>年 月 日</td><td>接单人</td><td></td><td>生产班组</td><td>数控加工组</td></tr>
</table>

1. 什么样的零件称为薄壁件？薄壁件的加工难点主要体现在哪些方面？

2. 本任务工期为 17 天，依据任务要求，制订合理的工作计划，并根据小组成员的特点进行分工。

序号	工作内容	时间	成员	负责人
1	工艺分析			
2	工序制订			
3	编制程序			
4	数控铣床加工			
5	成品检验与质量分析			

二、图样分析

薄壁插槽配合件如下图所示。

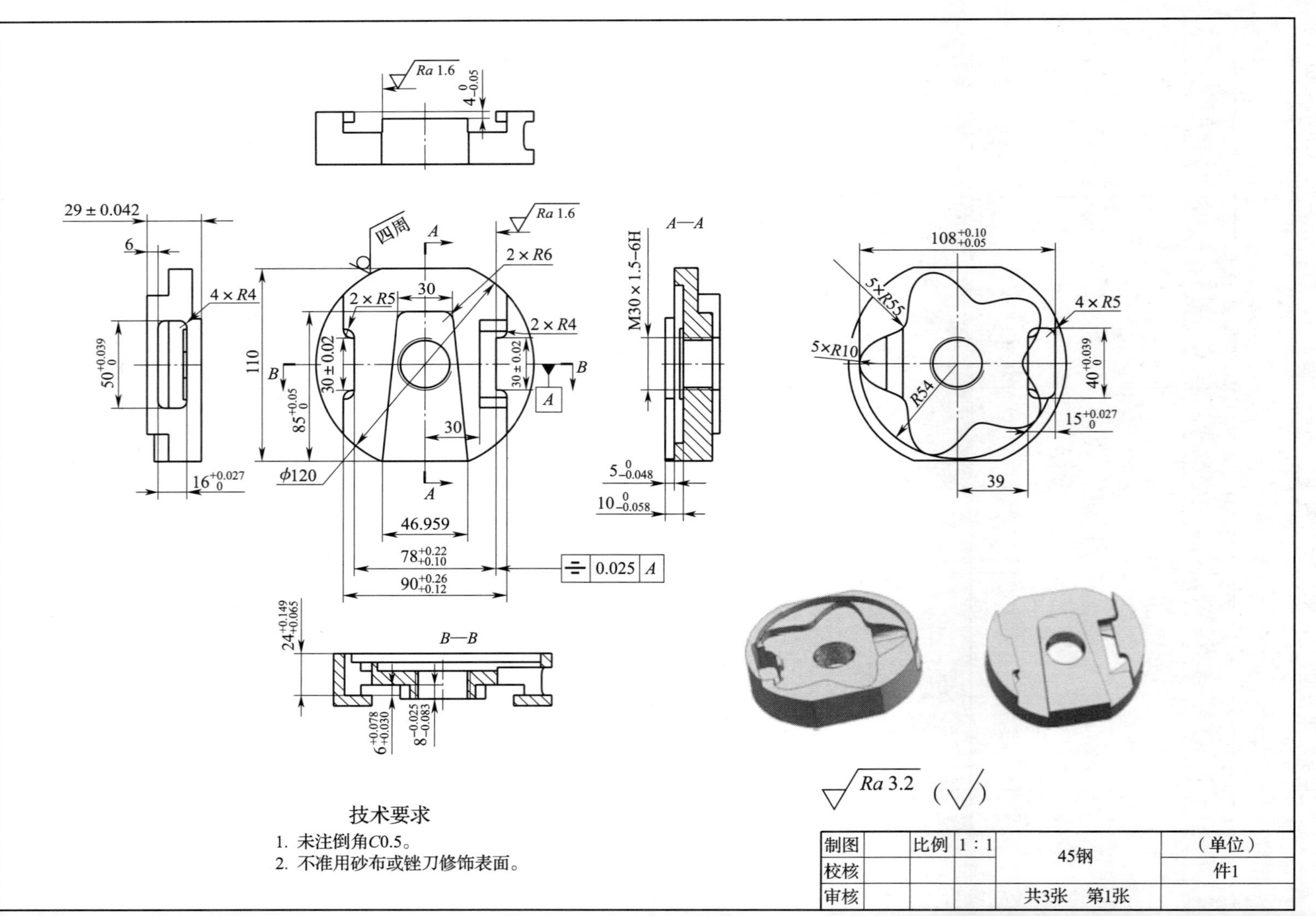
四周
2 × R6
2 × R5
2 × R4
4 × R4
A—A
M30 × 1.5−6H
B—B
5×R55
5×R10
R54
4 × R5
φ120
46.959
0.025 A
Ra 3.2 (√)
技术要求
1. 未注倒角C0.5。
2. 不准用砂布或锉刀修饰表面。
制图
校核
审核
比例 1:1
45钢
共3张 第1张
（单位）
件1

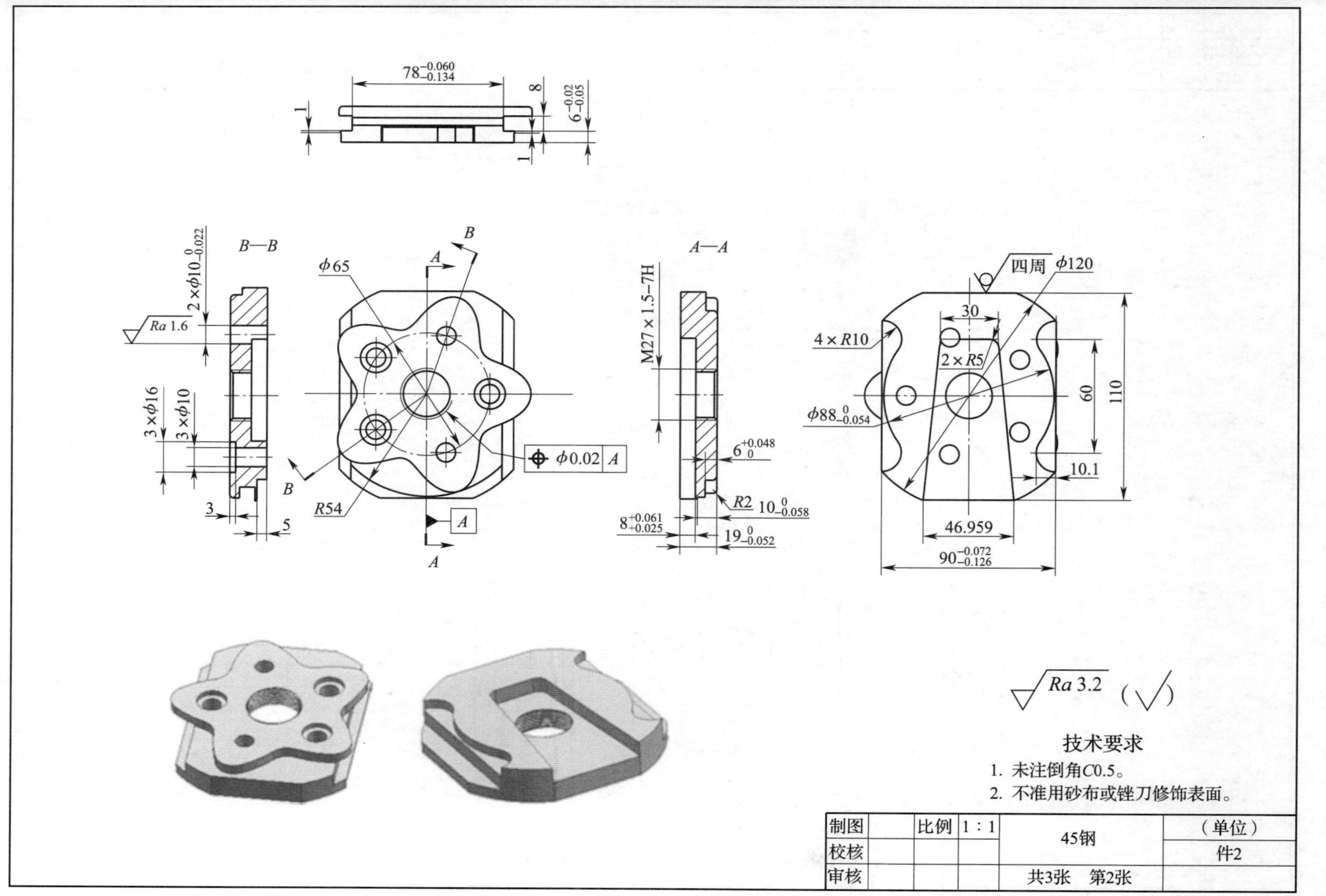

B—B
A—A
2×φ10 0 -0.022
Ra 1.6
3×φ16
3×φ10
3
5
φ65
R54
φ0.02 A
M27×1.5-7H
6 +0.048 0
R2 10 0 -0.058
8 +0.061 +0.025
19 0 -0.052
78 -0.060 -0.134
6 -0.02 -0.05
四周 φ120
4×R10
2×R5
30
φ88 0 -0.054
60
110
10.1
46.959
90 -0.072 -0.126
Ra 3.2 (√)
技术要求
1. 未注倒角C0.5。
2. 不准用砂布或锉刀修饰表面。
制图
校核
审核
比例 1:1
45钢
共3张 第2张
(单位)
件2

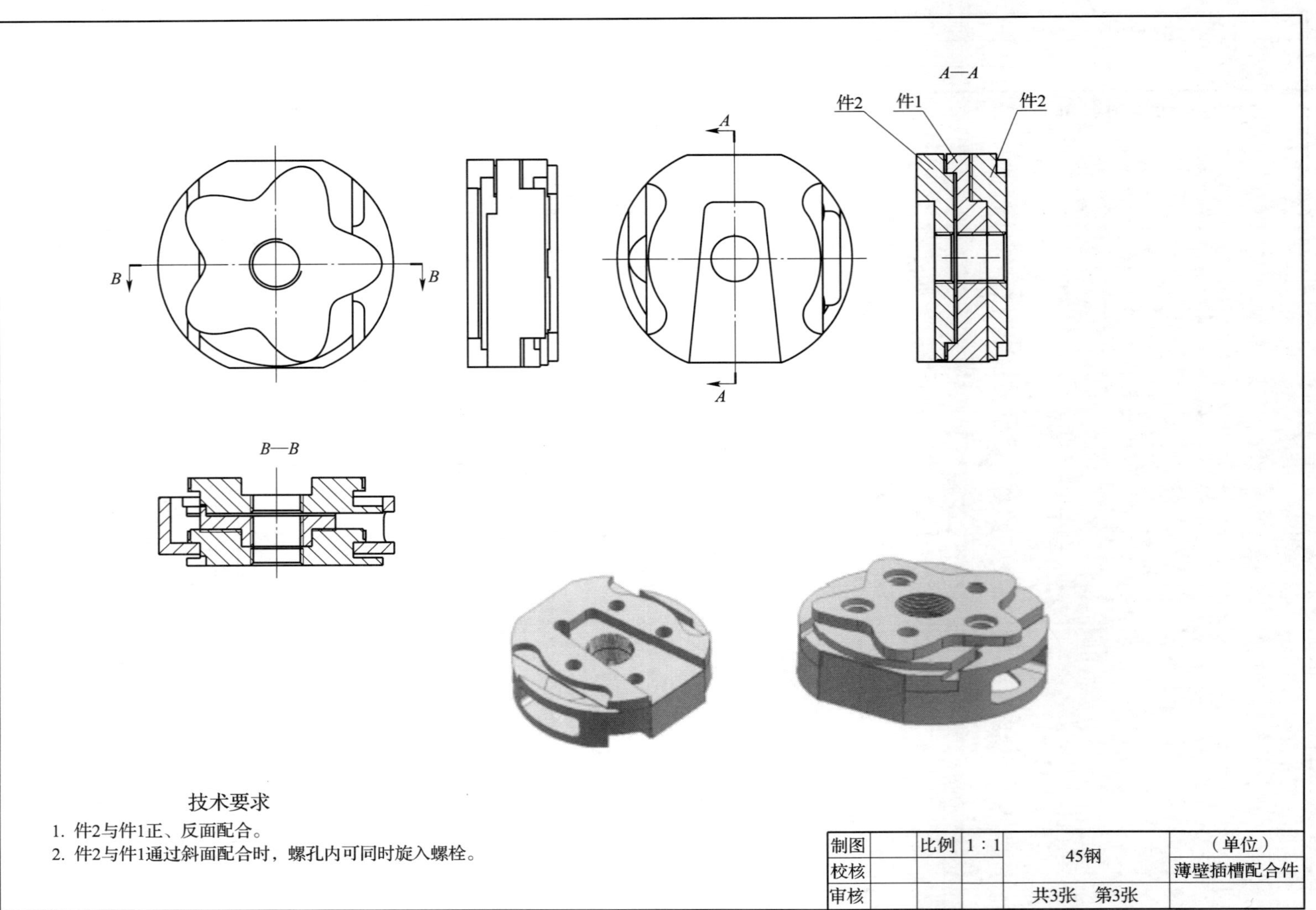
A—A
件2
件1
件2
A
A
B
B
B—B
技术要求
1. 件2与件1正、反面配合。
2. 件2与件1通过斜面配合时，螺孔内可同时旋入螺栓。
制图
比例 1∶1
45钢
（单位）
校核
薄壁插槽配合件
审核
共3张 第3张

1. 分析零件图样，在下表中写出薄壁插槽配合件的主要加工尺寸、几何公差要求及表面质量要求，并进行相应的尺寸公差计算，为零件的编程做准备。

件 1 图样分析

序号	项目	内容	偏差范围（数值）
1	件 1 主要加工尺寸		
2			
3			
4			
5			
6			
7			
8			
9			
10			
11			
12			
13			
14			
15			
16			
17			
18			
19			
20			
21	件 1 几何公差要求		
22	件 1 表面质量要求		
23			

件 2 图样分析

<table>
<tr><th>序号</th><th>项目</th><th>内容</th><th>偏差范围（数值）</th></tr>
<tr><td>1</td><td rowspan="20">件 2 主要加工尺寸</td><td></td><td></td></tr>
<tr><td>2</td><td></td><td></td></tr>
<tr><td>3</td><td></td><td></td></tr>
<tr><td>4</td><td></td><td></td></tr>
<tr><td>5</td><td></td><td></td></tr>
<tr><td>6</td><td></td><td></td></tr>
<tr><td>7</td><td></td><td></td></tr>
<tr><td>8</td><td></td><td></td></tr>
<tr><td>9</td><td></td><td></td></tr>
<tr><td>10</td><td></td><td></td></tr>
<tr><td>11</td><td></td><td></td></tr>
<tr><td>12</td><td></td><td></td></tr>
<tr><td>13</td><td></td><td></td></tr>
<tr><td>14</td><td></td><td></td></tr>
<tr><td>15</td><td></td><td></td></tr>
<tr><td>16</td><td></td><td></td></tr>
<tr><td>17</td><td></td><td></td></tr>
<tr><td>18</td><td></td><td></td></tr>
<tr><td>19</td><td></td><td></td></tr>
<tr><td>20</td><td></td><td></td></tr>
<tr><td>21</td><td>件 2 几何公差要求</td><td></td><td></td></tr>
<tr><td>22</td><td rowspan="2">件 2 表面质量要求</td><td></td><td></td></tr>
<tr><td>23</td><td></td><td></td></tr>
</table>

2．该零件的主要定位尺寸有哪些？定形尺寸有哪些？在图样上标记出加工基准。

3．解释以下标注的含义。

：

M30 ×1.5 －6H：

M27 ×1.5 －7H：

4．运用 CAXA 电子图板或 AutoCAD 软件绘制图样，将打印的图样贴在此处。

三、加工工艺分析

1．选择设备

选择何种数控铣床加工此薄壁插槽配合件？写出数控铣床的型号。

2. 确定薄壁插槽配合件的定位基准和装夹方式

(1) 由于零件外表面已加工，所以最好采用________夹具装夹工件，并选择________作为定位基准。

(2) 加工两侧凹槽时，如何装夹工件？如何正确找正工件中心？

3. 选择刀具

(1) 数控铣床上常用硬质合金可转位式面铣刀来加工平面。本次加工应选用 ϕ ________mm 数控硬质合金可转位式面铣刀，刀齿数为________齿。

(2) 零件图中的螺纹选用__________刀具加工。

(3) 轮廓的倒角选用__________刀具加工。

(4) 零件图中的 $2\times\phi10_{-0.022}^{\ 0}$ mm 的孔选用________刀具加工。

(5) 零件的其他轮廓的铣削最好选用 ϕ ________mm 刀具加工，为什么？

4．确定加工路线

(1) 下图为薄壁插槽配合件中每道工序的加工实体效果图。确定其加工路线，将正确序号填入括号中。

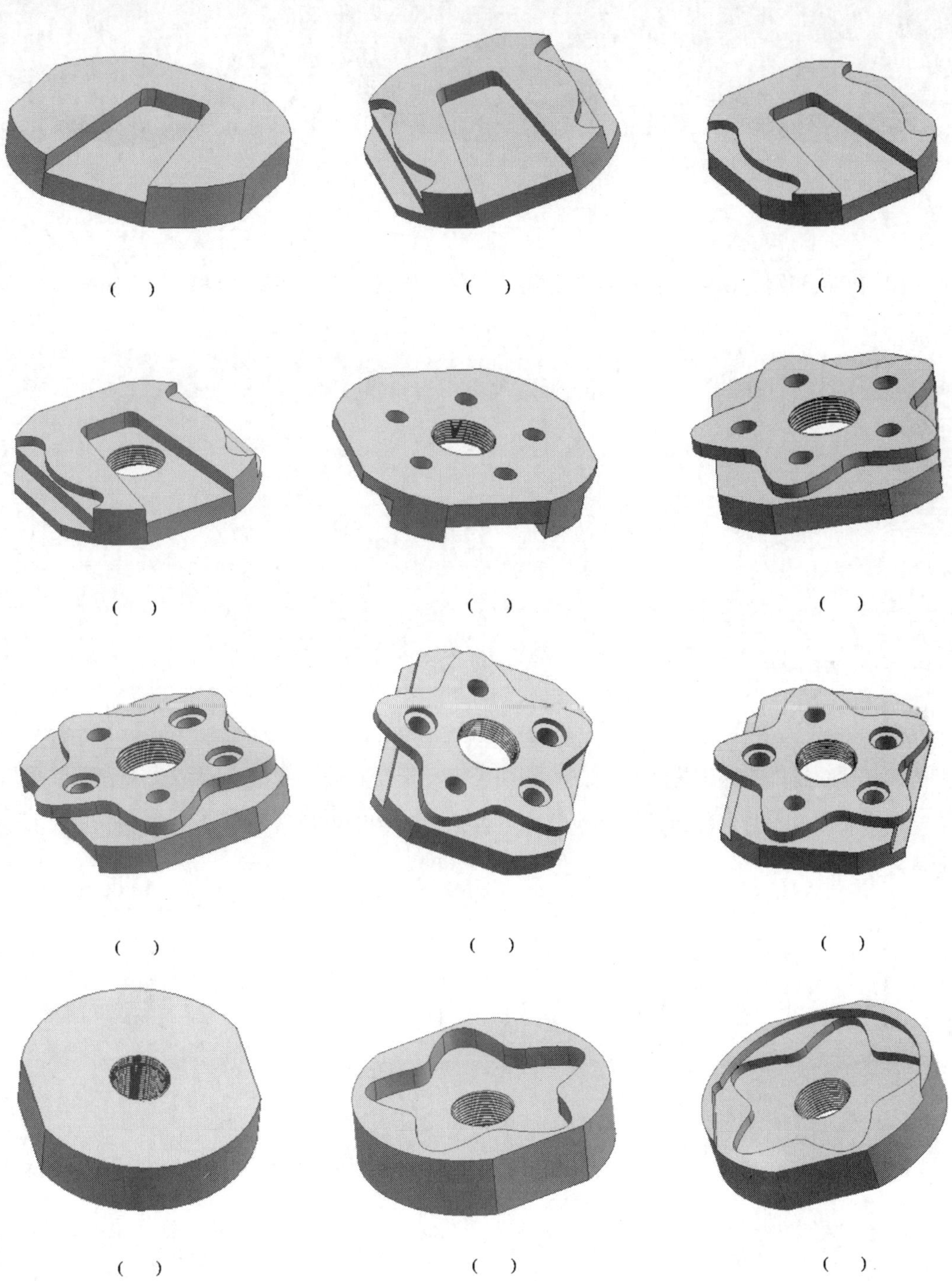

(　)　(　)　(　)

(　)　(　)　(　)

(　)　(　)　(　)

(　)　(　)　(　)

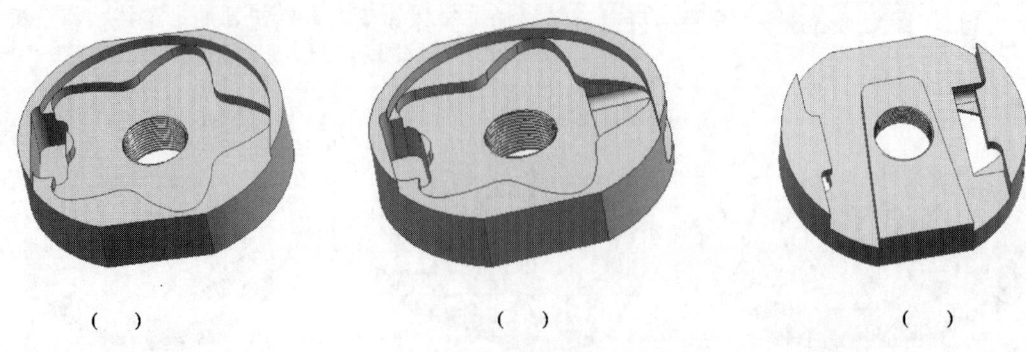

（2）查阅资料，简述在数控铣床上加工螺纹的方式。它与传统的螺纹加工方式有什么区别?

（3）螺纹铣削的原理是什么? 在实际加工中，若需实现多线的螺旋线插补，可以采用子程序或宏程序变量来编程。两者在编程上最本质的区别是什么? 用宏程序变量编程的优点是什么?

5. 填写数控加工工艺卡（可另附页）。

加工工艺卡

（单位名称）	加工工艺卡	产品名称		图号				
		零件名称		数量				第　页
材料种类		材料成分		毛坯尺寸				共　页
工序号	工序内容	车间	设备	工具			计划工时	实际工时
				夹具	量具	刀具		
				设计（日期）	校正	审核		批准
标记	更改号	更改者	日期					

四、加工工序制订

1. 本任务中加工工序的制订遵守哪项原则？为什么？

2. 薄壁插槽配合件的加工难点如何解决？

3. 填写加工工序卡（可另附页）。

件 1 正面（斜凸台）加工工序卡	产品型号		零件图号			
	产品名称		零件名称		共　页	第　页

工序简图	车间	工序号	工序名称	材料牌号
	毛坯种类	毛坯外形尺寸	每毛坯可制件数	每台件数
	设备名称	设备型号	设备编号	同时加工件数
	夹具编号	夹具名称	切削液	
	工位器具编号	工位器具名称	工序工时（分）	
			准终	单件

工步号	工步内容	工艺装备	主轴转速	切削速度	进给量	背吃刀量	进给	工步工时	
			r/min	m/min	mm/r	mm	次数	机动	辅助

设计（日期）	校对（日期）	审核（日期）	标准化（日期）	会签（日期）

件 1 反面轮廓加工工序卡	产品型号		零件图号			
	产品名称		零件名称		共　页	第　页

工序简图	车间	工序号	工序名称	材料牌号
	毛坯种类	毛坯外形尺寸	每毛坯可制件数	每台件数
	设备名称	设备型号	设备编号	同时加工件数
	夹具编号	夹具名称	切削液	
	工位器具编号	工位器具名称	工序工时（分）	
			准终	单件

工步号	工步内容	工艺装备	主轴转速 r/min	切削速度 m/min	进给量 mm/r	背吃刀量 mm	进给次数	工步工时 机动	工步工时 辅助

设计（日期）	校对（日期）	审核（日期）	标准化（日期）	会签（日期）

件1 侧沟槽面轮廓加工工序卡	产品型号		零件图号			
	产品名称		零件名称		共　页	第　页

工序简图	车间	工序号	工序名称	材料牌号
	毛坯种类	毛坯外形尺寸	每毛坯可制件数	每台件数
	设备名称	设备型号	设备编号	同时加工件数
	夹具编号	夹具名称	切削液	
	工位器具编号	工位器具名称	工序工时（分）	
			准终	单件

工步号	工步内容	工艺装备	主轴转速 r/min	切削速度 m/min	进给量 mm/r	背吃刀量 mm	进给次数	工步工时 机动	工步工时 辅助

设计（日期）	校对（日期）	审核（日期）	标准化（日期）	会签（日期）

件 2 正面（斜沟槽）轮廓加工工序卡	产品型号		零件图号			
	产品名称		零件名称		共 页	第 页

工序简图	车间	工序号	工序名称	材料牌号
	毛坯种类	毛坯外形尺寸	每毛坯可制件数	每台件数
	设备名称	设备型号	设备编号	同时加工件数

夹具编号	夹具名称	切削液	
工位器具编号	工位器具名称	工序工时（分）	
		准终	单件

工步号	工步内容	工艺装备	主轴转速 r/min	切削速度 m/min	进给量 mm/r	背吃刀量 mm	进给次数	工步工时 机动	工步工时 辅助

设计（日期）	校对（日期）	审核（日期）	标准化（日期）	会签（日期）

件 2 反面轮廓加工工序卡	产品型号		零件图号			
	产品名称		零件名称		共　页	第　页

工序简图

车间	工序号	工序名称	材料牌号
毛坯种类	毛坯外形尺寸	每毛坯可制件数	每台件数
设备名称	设备型号	设备编号	同时加工件数

夹具编号	夹具名称	切削液	
工位器具编号	工位器具名称	工序工时（分）	
		准终	单件

工步号	工步内容	工艺装备	主轴转速	切削速度	进给量	背吃刀量	进给	工步工时	
			r/min	m/min	mm/r	mm	次数	机动	辅助

设计（日期）	校对（日期）	审核（日期）	标准化（日期）	会签（日期）

五、加工程序编制

1. 列举加工薄壁插槽配合件所用的主要 G 指令和 M 代码（以 FANUC 0i 系统为例）。

指令	名称	编程格式	用途
G83			
G85			
G80			
G41			
G40			
G02			
G03			
G00			
G01			
M98			
M99			

2. 编写 M30×1.5－6H 内螺纹加工程序。

提示思路：用宏程序变量编程和循环功能可实现螺旋线终点坐标的自动变化和螺纹加工的连续性进行。程序中只需设定一个变量，赋初始值（大小为螺距）。因为每进行一整圈螺旋线插补后其终点/坐标变化一个螺距，只要根据螺旋线起点坐标和加工圈数即可求得实际的终点/坐标值。

3. 填写薄壁插槽配合件程序卡（可另附页）。

薄壁插槽配合件程序卡

数控铣床程序卡	零件名称		编写日期	
	夹具名称		材料名称	
	机床型号		实训车间	
程序号	程序		注解说明	

续表

程序号	程序	注解说明

续表

程序号	程序	注解说明

学习活动 2　薄壁插槽配合件的加工

学习目标

1. 能根据现场条件，查阅相关资料，领取符合加工技术要求的工、量、刃具。

2. 能按图样要求，测量毛坯外形尺寸，判断毛坯是否有足够的加工余量。

3. 能掌握切削液的种类和使用场合，正确选择本次任务要用的切削液。

4. 能正确安装通用夹具，并用百分表对其进行校正。

5. 能正确规范地装夹螺纹铣刀、立铣刀、面铣刀和铰刀等刀具。

6. 能严格执行车间管理规定，正确规范地操作机床。

7. 能适时检测、装配、调整，检验是否达到装配工艺要求，并填写相关文档。

8. 能按产品工艺流程和车间要求进行产品交接，并规范填写交接班记录。

9. 能严格按照车间管理规定，正确规范地保养数控铣床。

建议学时　48 学时

学习过程

一、加工准备

1. 领取工、量、刃具，并填写工、量、刃具清单。

工、量、刃具清单

序号	名称	规格	数量	备注
1				
2				
3				
4				
5				
6				
7				
8				
9				
10				

2. 领取毛坯料并测量毛坯外形尺寸，判断毛坯是否有足够的加工余量。记录所领毛坯料的实际尺寸。

3. 根据加工对象及所用刀具，选择本次加工所用切削液。

二、加工过程

1. 机床准备

(1) 作开启机床前的各项常规检查工作。

（2）规范启动机床。

（3）机床各轴回参考点。

（4）输入数控加工程序并校验。

2. 安装夹具并校正，装夹工件并校正。

3. 装夹刀具。

4. 对刀。

5. 输入刀补数值。

6. 加工

（1）转入自动加工模式。粗加工完毕后，精确测量加工尺寸，根据测量结果，修改刀补，再进行精加工。若粗加工尺寸误差较大，分析误差原因。

（2）加工过程中，需适时地检测和试配件 1 与件 2 的配合情况。

1）若件 1 斜凸台与件 2 斜沟槽达不到配合要求，分析是什么原因造成的。根据加工余量情况，确定能否进行修整。若不能，详细分析报废的原因。

2）若件1凸星形轮廓和件2凹星形轮廓达不到配合要求，分析是什么原因造成的。根据加工余量情况，确定能否进行修整。若不能，详细分析报废的原因。

7. 根据零件加工路径，估算零件加工时间。

三、保养机床和清理场地

加工完毕后，正确放置零件，并进行产品交接确认。按照国家环保相关规定和车间要求整理现场，清扫切屑，保养机床，并正确处置废油液等废弃物；按车间规定填写交接班记录（附表1）和设备日常保养记录卡（附表2）。

学习活动3　薄壁插槽配合件的检验与质量分析

学习目标

1. 能根据图样，合理选择检验工、量具，确定检测方法。

2. 能根据薄壁插槽配合件的测量结果，分析误差产生的原因。

3. 能正确规范地使用工、量具，并对其进行合理保养和维护。

4. 能按检验室管理要求，正确放置检验工、量具。

建议学时　6学时

学习过程

一、领取检测用工、量具

填写薄壁插槽配合件所需的工、量具。

检测用工、量具

序号	名称	规格（精度）	检测内容	备注

二、薄壁插槽配合件成品检测

检测薄壁插槽配合件成品，并将检测结果填写在下表中。

薄壁插槽配合件评测表（可另附页）

序号	技术要求	检测结果	结论
1			
2			
3			
4			
5			
6			
7			
8			
9			
10			
11			
12			
13			
14			
薄壁插槽配合件检测结论			

三、不合格产品原因分析

归纳加工薄壁插槽配合件时产生废品的原因及预防方法（每项至少写出三项）。

加工薄壁插槽配合件时产生废品的原因及预防方法

废品种类	产生原因	预防方法
尺寸超差		
对称度超差		

续表

废品种类	产生原因	预防方法
位置度超差		
表面粗糙度降级		
配合精度达不到		

四、整理和保养工、量具

工、量具使用后，对其进行整理和保养，并按检验室管理要求交还工、量具。

学习活动4　工作总结与评价

学习目标

1. 能以小组为单位分别派代表展示工作成果，说明本次任务的完成情况，并作分析总结。

2. 能结合自身任务完成情况，正确规范地撰写工作总结（心得体会）。

3. 能就本次任务中出现的问题提出改进措施。

4. 能对学习与工作进行反思总结，并能与他人开展良好合作，进行有效沟通。

建议学时　4学时

学习过程

一、个人评价

按下表评分标准进行个人评价。

个人综合评价表

项目	序号	技术要求	配分	评分标准	得分
机床操作（15%）	1	正确开启机床，检查	3	不正确、不合理无分	
	2	机床返回参考点	3	不正确、不合理无分	
	3	程序的输入及修改	3	不正确、不合理无分	
	4	程序空运行轨迹检查	3	不正确、不合理无分	
	5	对刀的方式和方法	3	不正确、不合理无分	

续表

项目	序号	技术要求	配分	评分标准	得分
程序与工艺（25%）	6	程序格式规范	5	不合格每处扣3分	
	7	程序正确、完整	5	不合格每处扣3分	
	8	工艺合理	15	不合格每处扣2分	
件1零件质量（25%）	9	$85^{+0.05}_{0}$ mm	0.5	超差0.02 mm扣0.25分	
	10	$4^{0}_{-0.05}$ mm	0.5	超差0.02 mm扣0.25分	
	11	M30×1.5-6H	1	超差不得分	
	12	$78^{+0.22}_{+0.10}$ mm	1	超差0.02 mm扣0.5分	
	13	$90^{+0.26}_{+0.12}$ mm	0.5	超差0.02 mm扣0.25分	
	14	(30±0.02) mm（两处）	0.5	超差0.02 mm扣0.25分	
	15	$8^{-0.025}_{-0.083}$ mm	0.5	超差0.02 mm扣0.25分	
	16	$108^{+0.10}_{+0.05}$ mm	0.5	超差0.02 mm扣0.25分	
	17	$5^{0}_{-0.048}$ mm	0.5	超差0.02 mm扣0.25分	
	18	$10^{0}_{-0.058}$ mm	0.5	超差0.02 mm扣0.25分	
	19	$40^{+0.039}_{0}$ mm	0.5	超差0.02 mm扣0.25分	
	20	$15^{+0.027}_{0}$ mm	0.5	超差0.02 mm扣0.25分	
	21	$24^{+0.149}_{+0.065}$ mm	0.5	超差0.02 mm扣0.25分	
	22	$6^{+0.078}_{+0.030}$ mm	0.5	超差0.02 mm扣0.25分	
	23	$50^{+0.039}_{0}$ mm	0.5	超差0.02 mm扣0.25分	
	24	$16^{+0.027}_{0}$ mm	0.5	超差0.02 mm扣0.25分	
	25	(29±0.042) mm	0.5	超差0.02 mm扣0.25分	
	26	4×*R*5 mm	1	超差不得分	
	27	4×*R*4 mm	1	超差不得分	
	28	2×*R*5 mm	0.5	超差不得分	
	29	2×*R*6 mm	0.5	超差不得分	
	30	2×*R*4 mm	0.5	超差不得分	
	31	5×*R*10 mm	1	超差不得分	
	32	5×*R*55 mm	1	超差不得分	
	33	⌯ 0.025 *A*	2	超差不得分	
	34	*Ra*1.6 μm、*Ra*3.2 μm	4	降级不得分	
	35	一般尺寸	4	超差不得分	
件2零件质量（25%）	36	$8^{+0.061}_{+0.025}$ mm	1	超差0.02 mm扣0.5分	
	37	M27×1.5-7H	1	超差不得分	
	38	$\phi88^{0}_{-0.054}$ mm	0.5	超差0.02 mm扣0.25分	
	39	$6^{-0.02}_{-0.05}$ mm	0.5	超差0.02 mm扣0.25分	
	40	$90^{-0.072}_{-0.126}$ mm	0.5	超差0.02 mm扣0.25分	
	41	$78^{-0.060}_{-0.134}$ mm	0.5	超差0.02 mm扣0.25分	

续表

项目	序号	技术要求	配分	评分标准	得分
件2 零件质量 （25%）	42	$2\times\phi10_{-0.022}^{\ 0}$ mm	2	超差0.02 mm扣1分	
	43	$3\times\phi10$ mm	1.5	超差不得分	
	44	$3\times\phi16$ mm	1.5	超差不得分	
	45	$4\times R10$ mm	1.5	超差不得分	
	46	$2\times R5$ mm	1	超差不得分	
	47	$19_{-0.052}^{\ 0}$ mm	0.5	超差0.02 mm扣0.25分	
	48	$10_{-0.058}^{\ 0}$ mm	0.5	超差0.02 mm扣0.25分	
	49	$6_{\ 0}^{+0.048}$ mm	0.5	超差0.02 mm扣0.25分	
	50	⌖ | $\phi0.02$ | A	2	超差不得分	
	51	$Ra1.6$ μm、$Ra3.2$ μm	4	降级不得分	
	52	一般尺寸	6	超差不得分	
安全文明生产 （10%）	53	安全操作	5	不按安全操作规程操作全扣	
	54	机床清理	5	不合格全扣	
总 得 分					

二、小组评价

把个人加工好的薄壁插槽配合件先进行分组展示，再由小组推荐代表作必要的介绍。在展示的过程中，以小组为单位进行评价；评价完成后，根据其他组成员对本小组展示成果的评价意见进行归纳总结。完成如下项目：

（1）展示的薄壁插槽配合件符合技术标准吗？

很好□　　一般□　　不准确□

（2）本小组介绍成果表达是否清晰？

很好□　　一般，常补充□　　不清晰□

（3）本小组演示的薄壁插槽配合件加工方法和操作正确吗？

正确□　　部分正确□　　不正确□

（4）本小组演示操作时遵循了“6S”的工作要求吗？

符合工作要求□　　忽略了部分要求□　　完全没有遵循□

（5）本小组的检测量具保养完好吗？

良好□　　一般□　　不合要求□

（6）本小组成员的团队创新精神如何？

良好□　　一般□　　不足□

三、教师评价

教师对展示的作品分别作评价。

1. 找出各组的优点进行点评。

2. 对展示过程中各组的缺点进行点评，提出改进方法。

3. 对整个任务完成中出现的亮点和不足进行点评。

四、总结提升

1. 计算你所加工薄壁插槽配合件的成本，包括材料、工时、工具及设备损耗，并调研其市场价格，两者的差价是多少？

2. 结合自身任务完成情况，通过交流讨论等方式较全面规范地撰写本次任务的工作总结。

工作总结（心得体会）

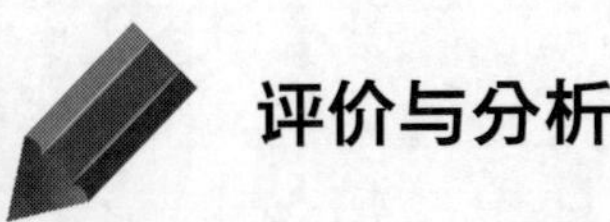

评价与分析

学习任务四评价表

班级：＿＿＿＿＿　姓名：＿＿＿＿＿　学号：＿＿＿＿＿

<table>
<tr><th rowspan="3">项目</th><th colspan="3">自我评价</th><th colspan="3">小组评价</th><th colspan="3">教师评价</th></tr>
<tr><th>10～9</th><th>8～6</th><th>5～1</th><th>10～9</th><th>8～6</th><th>5～1</th><th>10～9</th><th>8～6</th><th>5～1</th></tr>
<tr><th colspan="3">占总评 10%</th><th colspan="3">占总评 30%</th><th colspan="3">占总评 60%</th></tr>
<tr><td>学习活动 1</td><td></td><td></td><td></td><td></td><td></td><td></td><td></td><td></td><td></td></tr>
<tr><td>学习活动 2</td><td></td><td></td><td></td><td></td><td></td><td></td><td></td><td></td><td></td></tr>
<tr><td>学习活动 3</td><td></td><td></td><td></td><td></td><td></td><td></td><td></td><td></td><td></td></tr>
<tr><td>学习活动 4</td><td></td><td></td><td></td><td></td><td></td><td></td><td></td><td></td><td></td></tr>
<tr><td>协作精神</td><td></td><td></td><td></td><td></td><td></td><td></td><td></td><td></td><td></td></tr>
<tr><td>纪律观念</td><td></td><td></td><td></td><td></td><td></td><td></td><td></td><td></td><td></td></tr>
<tr><td>表达能力</td><td></td><td></td><td></td><td></td><td></td><td></td><td></td><td></td><td></td></tr>
<tr><td>工作态度</td><td></td><td></td><td></td><td></td><td></td><td></td><td></td><td></td><td></td></tr>
<tr><td>安全意识</td><td></td><td></td><td></td><td></td><td></td><td></td><td></td><td></td><td></td></tr>
<tr><td>任务总体表现</td><td></td><td></td><td></td><td></td><td></td><td></td><td></td><td></td><td></td></tr>
<tr><td>小计</td><td colspan="3"></td><td colspan="3"></td><td colspan="3"></td></tr>
<tr><td>总评</td><td colspan="9"></td></tr>
</table>

任课教师：＿＿＿＿　年　月　日

学习任务五　笑脸正五边形的数控铣加工

1. 能根据加工任务，讨论并制订合理的工作计划。

2. 能正确分析笑脸正五边形的零件图，并能简单描述夹具的组成和设计原理。

3. 能根据加工任务，正确设计和制作一面两销夹具。

4. 能借助技术手册、网络等渠道查阅资料，并分析加工工艺，选择切削用量、刀具及工装夹具，预估加工工时。

5. 能正确选用钻头、铰刀、键槽铣刀、面铣刀、丝锥、倒角钻等刀具，并熟练使用。

6. 能正确编制笑脸正五边形的加工程序。

7. 能根据加工要求，正确操作数控铣床，完成笑脸正五边形的数控加工。

8. 能根据图样，合理选择检验工、量具，确定检测方法和记录几何误差值。

9. 能根据测量结果分析误差产生的原因，改进工艺，并改进夹具的设计。

10. 能进行工时及成本核算。

11. 能规范进行机床保养和维护、清理场地、归置物品，完成交接班工作。

12. 能主动获取有效信息，展示工作成果，对学习与工作进行反思总结，并能与他人开展良好合作，进行有效沟通。

60 学时

工作情境描述

某企业定制一批笑脸正五边形零件，数量为30件，来料加工，材料为45钢，毛坯尺寸为85 mm×85 mm×12 mm，交货期为10天。生产主管部门将生产任务交予数控加工组完成。

工作流程与活动

1. 笑脸正五边形的加工工艺分析与编程（26学时）
2. 笑脸正五边形的加工（24学时）
3. 笑脸正五边形的检验与质量分析（6学时）
4. 工作总结与评价（4学时）

学习活动 1　笑脸正五边形的加工工艺分析与编程

学习目标

1. 能阅读生产任务单，分析任务特点并制订工作计划。

2. 能正确识读笑脸正五边形的零件图。

3. 能运用 CAXA 电子图板或 AutoCAD 软件完成图形绘制，并能正确打印输出。

4. 能简单描述本次任务中设计夹具的目的。

5. 能简单说明本次任务中一面两销夹具的设计原理。

6. 能根据加工任务，正确设计和制作一面两销夹具。

7. 能根据钻头、铰刀、键槽铣刀、面铣刀、丝锥、倒角钻等的用途，正确选择加工所用刀具。

8. 能正确填写笑脸正五边形的加工工艺卡。

9. 能根据所用刀具材料及加工对象，查阅相关资料，确定切削用量。

10. 能正确填写笑脸正五边形的每道加工工序卡。

11. 能运用 CAXA 电子图板或 AutoCAD 软件，正确找出图样中主要基点坐标值。

12. 能根据子程序的概念和格式，正确完成轮廓分层切削的程序编制。

13. 能根据图样尺寸要求，合理选择孔加工固定循环指令。

14. 能根据图样图样要求，正确选择极坐标编程指令，并灵活运用。

15. 能根据加工路线制订原则，合理确定零件不同轮廓面的加工路线，并找出其编程原点。

16. 能正确编制笑脸正五边形的加工程序，并填写程序卡。

建议学时　26 学时

学习过程

一、阅读生产任务单

生产任务单

<table>
<tr><td colspan="2">需方单位名称</td><td colspan="2"></td><td>完成日期</td><td colspan="2">年 月 日</td></tr>
<tr><td>序号</td><td>产品名称</td><td>材料</td><td>数量</td><td colspan="3">技术标准和质量要求</td></tr>
<tr><td>1</td><td>笑脸正五边形</td><td>45 钢</td><td>30 件</td><td colspan="3">按图样要求</td></tr>
<tr><td>2</td><td></td><td></td><td></td><td colspan="3"></td></tr>
<tr><td>3</td><td></td><td></td><td></td><td colspan="3"></td></tr>
<tr><td>4</td><td></td><td></td><td></td><td colspan="3"></td></tr>
<tr><td colspan="2">生产批准时间</td><td>年 月 日</td><td>批准人</td><td></td><td></td><td></td></tr>
<tr><td colspan="2">通知任务时间</td><td>年 月 日</td><td>发单人</td><td></td><td></td><td></td></tr>
<tr><td colspan="2">接单时间</td><td>年 月 日</td><td>接单人</td><td></td><td>生产班组</td><td>数控加工组</td></tr>
</table>

1. 本任务的加工难点是什么？如何解决呢？

2. 本任务工期为 10 天，依据任务要求，制订合理的工作计划，并根据小组成员的特点进行分工。

序号	工作内容	时间	成员	负责人
1	工艺分析			
2	工序制订			

续表

序号	工作内容	时间	成员	负责人
3	编制程序			
4	数控铣床加工			
5	成品检验与质量分析			

二、图样分析

笑脸正五边形零件如下图所示。

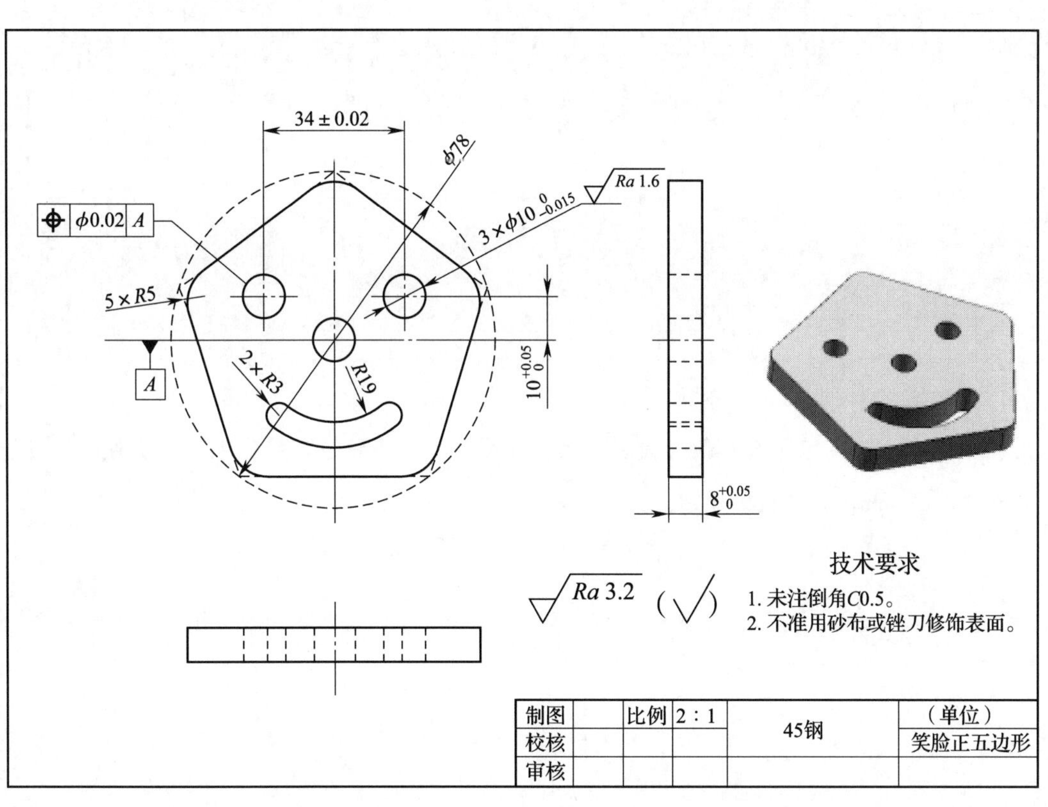

1. 分析零件图样，在下表中写出笑脸正五边形的主要加工尺寸、几何公差要求及表面质量要求，并进行相应的尺寸公差计算，为零件的编程做准备。

图样分析

序号	项目	内容	偏差范围（数值）
1	主要加工尺寸		
2			
3			
4			
5			
6			
7			
8	几何公差要求		
9	表面质量要求		
10			

2. 该零件的主要定位尺寸有哪些？定形尺寸有哪些？

定位尺寸：

定形尺寸：

3. 零件图中对定位孔不仅有较高的尺寸精度要求，还有位置度要求，其位置度误差值不超过0.02 mm。为什么要规定此几何公差要求？

4. 运用 CAXA 电子图板或 AutoCAD 软件绘制图样，将打印的图样贴在此处。

三、加工工艺分析

1. 选择设备

选择哪种数控铣床加工此笑脸正五边形零件？写出数控铣床的型号。

2. 确定笑脸正五边形的定位基准和装夹方式

（1）根据加工任务和已有的毛坯形状，加工零件图中 $3\times\phi10_{-0.015}^{0}$ mm 孔和腰鼓形内轮廓时，应选用______夹具装夹工件，以__________作为定位基准。

（2）要实现本任务的正五边形轮廓加工，选用通用夹具（三爪自定心卡盘或平口钳等）无法完成工件的装夹，需制作__________来辅助加工。本任务中可以选用简单的__________专用夹具。

（3）查阅资料，说出机床夹具的一般组成和作用。本任务中设计的一面两销夹具，定位装置是什么？夹紧装置是什么？夹具体是什么？

（4）夹具体中定位孔的尺寸精度与笑脸正五边形零件图中定位孔的尺寸精度相比，前者要求要更高些，一般要高一倍，为什么？如何保证达到此精度要求？

（5）夹具体中 M10 内螺纹在深度方面有怎样的要求？为什么？

（6）根据上述夹具体设计过程中的一系列问题，画出其夹具体零件图，将基本尺寸和精度标注出来（下面初步给出夹具体简图）。

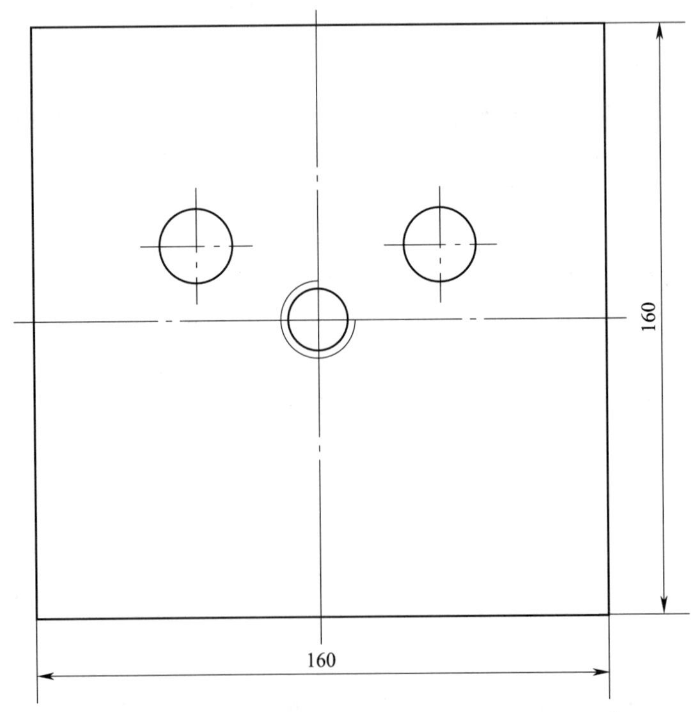

3. 选择刀具

（1）数控铣床上常用硬质合金可转位式面铣刀来加工平面。本次加工应选用 ϕ ______ mm 数控硬质合金可转位式面铣刀，刀齿数为______齿。

（2）零件图中 $\phi 10_{-0.015}^{\ 0}$ mm 的孔选用__________刀具加工。

（3）轮廓的倒角选用__________刀具加工。

（4）零件图中的腰鼓形内轮廓选用 ϕ ________ mm 刀具加工。

（5）夹具体上的内螺纹选用__________刀具加工。

（6）夹具体上的定位孔选用__________刀具加工。

4. 确定加工路线

本次学习任务中，是先加工夹具体上的相关图素，还是先加工正五边形零件图中的非正五边形图素？为什么？

5. 填写数控加工工艺卡（可另附页）。

加工工艺卡

（单位名称）	加工工艺卡	产品名称		图号				
		零件名称		数量			第　页	
材料种类		材料成分		毛坯尺寸			共　页	
工序号	工序内容	车间	设备	工具			计划工时	实际工时
				夹具	量具	刀具		
				设计（日期）	校正	审核	批准	
标记	更改号	更改者	日期					

四、加工工序制订

1. 本次任务中加工工序的制订遵守哪项原则？为什么？

2. 填写加工工序卡（可另附页）。

非五边形轮廓加工工序卡	产品型号		零件图号		
	产品名称		零件名称	共　页	第　页

工序简图	车间	工序号	工序名称	材料牌号
	毛坯种类	毛坯外形尺寸	每毛坯可制件数	每台件数
	设备名称	设备型号	设备编号	同时加工件数

夹具编号	夹具名称	切削液	
工位器具编号	工位器具名称	工序工时（分）	
		准终	单件

工步号	工步内容	工艺装备	主轴转速 r/min	切削速度 m/min	进给量 mm/r	背吃刀量 mm	进给次数	工步工时 机动	工步工时 辅助

设计（日期）	校对（日期）	审核（日期）	标准化（日期）	会签（日期）

夹具体上轮廓加工工序卡	产品型号		零件图号			
	产品名称		零件名称		共 页	第 页

工序简图	车间	工序号	工序名称	材料牌号
	毛坯种类	毛坯外形尺寸	每毛坯可制件数	每台件数
	设备名称	设备型号	设备编号	同时加工件数

夹具编号	夹具名称	切削液	
工位器具编号	工位器具名称	工序工时（分）	
		准终	单件

工步号	工步内容	工艺装备	主轴转速 r/min	切削速度 m/min	进给量 mm/r	背吃刀量 mm	进给次数	工步工时 机动	工步工时 辅助

	设计（日期）	校对（日期）	审核（日期）	标准化（日期）	会签（日期）

正五边形轮廓加工工序卡	产品型号		零件图号			
	产品名称		零件名称		共　页	第　页

工序简图

车间	工序号	工序名称	材料牌号
毛坯种类	毛坯外形尺寸	每毛坯可制件数	每台件数
设备名称	设备型号	设备编号	同时加工件数

夹具编号	夹具名称	切削液	
工位器具编号	工位器具名称	工序工时（分）	
		准终	单件

工步号	工步内容	工艺装备	主轴转速	切削速度	进给量	背吃刀量	进给	工步工时	
			r/min	m/min	mm/r	mm	次数	机动	辅助

设计（日期）	校对（日期）	审核（日期）	标准化（日期）	会签（日期）

五、加工程序编制

1．列举加工正五边形零件所用的主要 G 指令和 M 代码（以 FANUC 0i 系统为例）。

指令	名称	编程格式	用途
G83			
G85			
G80			
G16			
G15			
G41			
G40			
G02			
G03			
G00			
G01			
M98			
M99			
G99			
G54			

2．夹具体上 M10 的内螺纹，采用攻螺纹还是铣削螺纹？为什么？

3．学习极坐标编程指令

（1）极坐标系

在平面内取一个定点 O 为极点，自极点 O 引一条射线 Ox 为极轴；再选定一个长度单位和一个角度单位（通常用弧度）及其正方向（通常取逆时针方向），这样就建立了一个极坐标系。

如下图所示，M 是平面内一点，极点 O 与点 M 的距离 $|OM|$ 称为点 M 的极径，记为 ρ；以极轴 Ox 为始边，射线 OM 为终边的角 xOM 称为点 M 的极角，记为 θ；点 M 的极坐标记为 M（ρ，θ）。

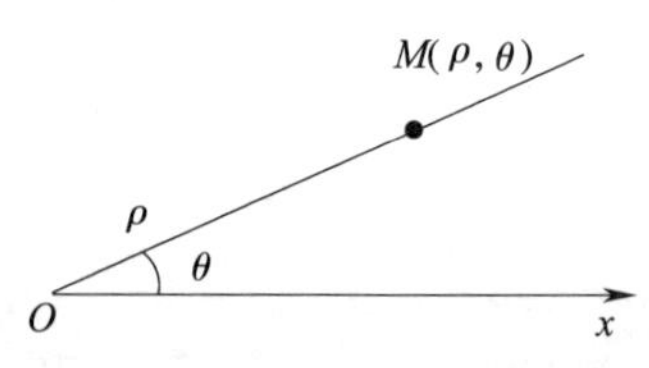

（2）查阅资料，写出极坐标系与直角坐标系的不同之处。

	平面直角坐标系	极坐标系
定位方式		
点与坐标		
外在形式		
本质		

（3）极坐标编程生效指令 G16 和撤销指令 G15。

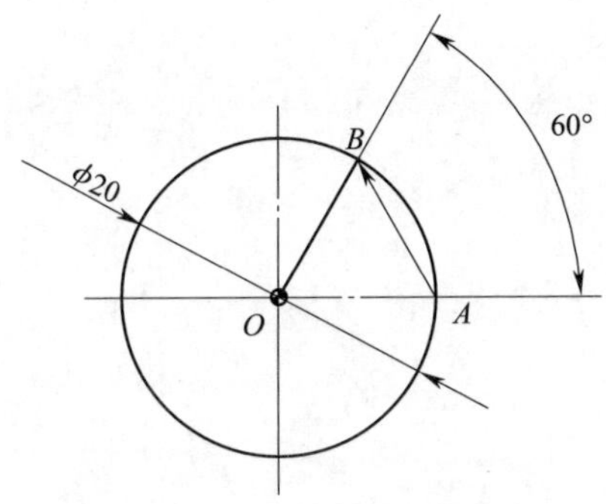

如图所示，*A* 点和 *B* 点的坐标采用极坐标方式可描述如下：

A 点：X10.0 Y0　　　　极坐标半径为 10 mm，极坐标角度为 0°

B 点：X10.0 Y60.0　　　极坐标半径为 10 mm，极坐标角度为 60°

刀具从 *A* 点到 *B* 点采用极坐标编程如下：

……；

G00 X20.0 Y0；　　　直角坐标系

G90 G17 G16；　　　选择 *XY* 平面，极坐标生效

G01 X10.0 Y60.0；　终点极坐标半径为 10 mm，终点极坐标角度为 60°

G15；　　　　　　　极坐标取消

……；

（4）查阅资料，简述在本学习任务中正五边形为什么要采用极坐标来编程？使用先前的逐点计算基点坐标值，按各基点坐标值编程，可以吗？与采用 G16 指令编程有什么区别？

4．根据加工路线确定编程坐标系原点，求出下图中 1、2 基点坐标值，记录下主要数据。

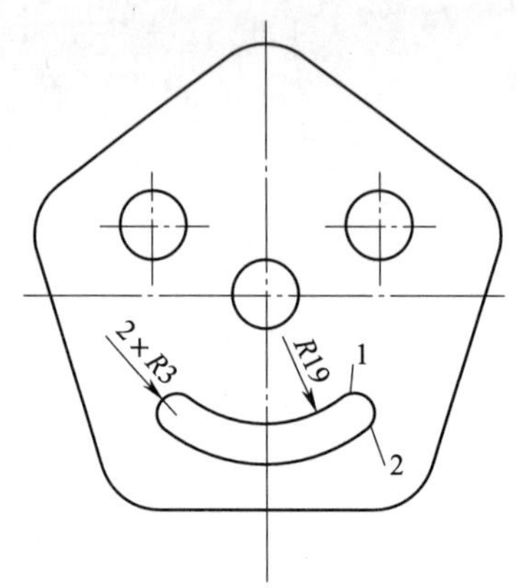

5．填写程序卡（可另附页）。

程序卡

<table>
<tr><td rowspan="3">数控铣床
程序卡</td><td>零件名称</td><td colspan="2"></td><td>编写日期</td><td></td></tr>
<tr><td>夹具名称</td><td colspan="2"></td><td>材料名称</td><td></td></tr>
<tr><td>机床型号</td><td colspan="2"></td><td>实训车间</td><td></td></tr>
<tr><td>程序号</td><td colspan="2">程序</td><td colspan="3">注解说明</td></tr>
<tr><td></td><td colspan="2"></td><td colspan="3"></td></tr>
<tr><td></td><td colspan="2"></td><td colspan="3"></td></tr>
<tr><td></td><td colspan="2"></td><td colspan="3"></td></tr>
<tr><td></td><td colspan="2"></td><td colspan="3"></td></tr>
<tr><td></td><td colspan="2"></td><td colspan="3"></td></tr>
<tr><td></td><td colspan="2"></td><td colspan="3"></td></tr>
<tr><td></td><td colspan="2"></td><td colspan="3"></td></tr>
<tr><td></td><td colspan="2"></td><td colspan="3"></td></tr>
</table>

续表

程序号	程序	注解说明

学习活动 2　笑脸正五边形的加工

学习目标

1. 能根据现场条件，查阅相关资料，领取符合加工技术要求的工、量、刃具。

2. 能按图样要求，测量毛坯外形尺寸，判断毛坯是否有足够的加工余量。

3. 能根据加工要求，学会选择内螺纹圆柱销和螺钉等标准件。

4. 能掌握切削液的种类和使用场合，正确选择加工任务中要用的切削液。

5. 能正确规范地装夹钻头、铰刀、键槽铣刀、面铣刀、丝锥等刀具。

6. 能严格执行车间管理规定，正确规范地操作机床。

7. 能适时检测、调整是否达到加工工艺要求，并填写相关文档。

8. 能按产品工艺流程和车间要求进行产品交接，并规范填写交接班记录。

9. 能严格按照车间管理规定，正确规范地保养数控铣床。

建议学时　24 学时

学习过程

一、加工准备

1. 领取工、量、刃具，并填写工、量、刃具清单。

工、量、刃具清单

序号	名称	规格	数量	备注
1				
2				
3				
4				
5				
6				
7				
8				
9				
10				

2. 领取毛坯料并测量毛坯外形尺寸，判断毛坯是否有足够的加工余量。记录所领毛坯料的实际尺寸。

3. 领取标准内螺纹圆柱销和标准螺钉等，判断所领标准件是否符合加工要求。记录下标准件的尺寸。

4. 根据加工对象及所用刀具，选择本次加工所用切削液。

二、加工过程

1. 机床准备

（1）作开启机床前的各项常规检查工作。

（2）规范启动机床。

（3）机床各轴回参考点。

（4）输入数控加工程序并校验。

2. 安装夹具并校正，装夹工件并校正。

3. 装夹刀具。

4. 对刀。

5. 输入刀补数值。

6. 加工

（1）加工零件图上非五边形轮廓图素。

（2）加工夹具体上相关轮廓图素。

（3）用定位销、紧固螺钉这两个标准件连接夹具体和所需铣削的零件，完成五边形轮廓的铣削。

7. 根据零件加工路径，估算零件加工时间。

三、保养机床和清理场地

加工完毕后，正确放置零件，并进行产品交接确认。按照国家环保相关规定和车间要求整理现场，清扫切屑，保养机床，并正确处置废油液等废弃物；按车间规定填写交接班记录（附表1）和设备日常保养记录卡（附表2）。

学习活动3　笑脸正五边形的检验与质量分析

学习目标

1. 能根据图样，合理选择检验工、量具，确定检测方法。

2. 能根据笑脸正五边形的测量结果，分析误差产生的原因。

3. 能正确规范地使用工、量具，并对其进行合理保养和维护。

4. 能按检验室管理要求，正确放置检验工、量具。

建议学时　6学时

学习过程

一、领取检测用工、量具

填写检测笑脸正五边形所需的工、量具。

检测用工、量具

序号	名称	规格（精度）	检测内容	备注

二、笑脸正五边形成品检测

检测笑脸正五边形成品，并将检测结果填写在下表中。

笑脸正五边形评测表

序号	技术要求	检测结果	结论
1			
2			
3			
4			
5			
6			
7			
8			
9			
10			
11			
12			
13			
14			
笑脸正五边形检测结论			

三、不合格产品原因分析

归纳加工笑脸正五边形时产生废品的原因及预防方法（每项至少写出三项）。

加工笑脸正五边形时产生废品的原因及预防方法

废品种类	产生原因	预防方法
尺寸超差		
位置度超差		

续表

废品种类	产生原因	预防方法
表面粗糙度降级		

四、整理和保养工、量具

工、量具使用后，对其进行整理和保养，并按检验室管理要求交还工、量具。

学习活动 4　工作总结与评价

学习目标

1. 能以小组为单位分别派代表展示工作成果，说明本次任务的完成情况，并作分析总结。

2. 能结合自身任务完成情况，正确规范地撰写工作总结（心得体会）。

3. 能就本次任务中出现的问题提出改进措施。

4. 能对学习与工作进行反思总结，并能与他人开展良好合作，进行有效沟通。

建议学时　4 学时

学习过程

一、个人评价

按下表评分标准进行个人评价。

个人综合评价表

项目	序号	技术要求	配分	评分标准	得分
机床操作（20%）	1	正确开启机床，检查	4	不正确、不合理无分	
	2	机床返回参考点	4	不正确、不合理无分	
	3	程序的输入及修改	4	不正确、不合理无分	
	4	程序空运行轨迹检查	4	不正确、不合理无分	
	5	对刀的方式和方法	4	不正确、不合理无分	

续表

项目	序号	技术要求	配分	评分标准	得分
程序与工艺（30%）	6	程序格式规范	5	不合格每处扣 2.5 分	
	7	程序正确、完整	5	不合格每处扣 2.5 分	
	8	工艺合理	20	不合格每处扣 2 分	
零件质量（40%）	9	(34 ±0.02) mm	4	超差 0.02 mm 扣 2 分	
	10	$3\times\phi10_{-0.015}^{0}$ mm	12	超差 0.02 mm 扣 2 分	
	11	$10_{0}^{+0.05}$ mm	4	超差 0.02 mm 扣 2 分	
	12	$R19$ mm	2	超差不得分	
	13	$2\times R3$ mm	2	超差不得分	
	14	$5\times R5$ mm	2	超差不得分	
	15	$8_{0}^{+0.05}$ mm	4	超差 0.02 mm 扣 2 分	
	16	⌖ | $\phi0.02$ | A	4	超差不得分	
	17	$Ra1.6\ \mu m$、$Ra3.2\ \mu m$	6	降级不得分	
安全文明生产（10%）	18	安全操作	5	不按安全操作规程操作全扣	
	19	机床清理	5	不合格全扣	
总得分					

二、小组评价

把个人加工好的笑脸正五边形先进行分组展示，再由小组推荐代表作必要的介绍。在展示的过程中，以小组为单位进行评价；评价完成后，根据其他组成员对本小组展示成果的评价意见进行归纳总结。完成如下项目：

（1）展示的笑脸正五边形符合技术标准吗？

很好□　　　一般□　　　不准确□

（2）本小组介绍成果表达是否清晰？

很好□　　　一般，常补充□　　　不清晰□

（3）本小组演示的笑脸正五边形加工方法和操作正确吗？

正确□　　　部分正确□　　　不正确□

（4）本小组演示操作时遵循了“6S”的工作要求吗？

符合工作要求□　　　忽略了部分要求□　　　完全没有遵循□

（5）本小组的检测量具保养完好吗？

良好□　　　一般□　　　不合要求□

(6) 本小组成员的团队创新精神如何?

良好□　　一般□　　不足□

三、教师评价

教师对展示的作品分别作评价。

1. 找出各组的优点进行点评。

2. 对展示过程中各组的缺点进行点评，提出改进方法。

3. 对整个任务完成中出现的亮点和不足进行点评。

四、总结提升

1. 计算你所加工笑脸正五边形的成本，包括材料、工时、工具及设备损耗，并调研其市场价格，两者的差价是多少?

2. 结合自身任务完成情况，通过交流讨论等方式较全面规范地撰写本次任务的工作总结。

工作总结（心得体会）

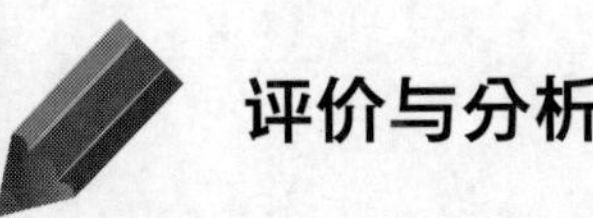

评价与分析

学习任务五评价表

班级：＿＿＿＿＿＿　　姓名 ：＿＿＿＿＿＿　　学号：＿＿＿＿＿＿

<table>
<tr><th rowspan="3">项目</th><th colspan="3">自我评价</th><th colspan="3">小组评价</th><th colspan="3">教师评价</th></tr>
<tr><th>10～9</th><th>8～6</th><th>5～1</th><th>10～9</th><th>8～6</th><th>5～1</th><th>10～9</th><th>8～6</th><th>5～1</th></tr>
<tr><th colspan="3">占总评 10%</th><th colspan="3">占总评 30%</th><th colspan="3">占总评 60%</th></tr>
<tr><td>学习活动 1</td><td></td><td></td><td></td><td></td><td></td><td></td><td></td><td></td><td></td></tr>
<tr><td>学习活动 2</td><td></td><td></td><td></td><td></td><td></td><td></td><td></td><td></td><td></td></tr>
<tr><td>学习活动 3</td><td></td><td></td><td></td><td></td><td></td><td></td><td></td><td></td><td></td></tr>
<tr><td>学习活动 4</td><td></td><td></td><td></td><td></td><td></td><td></td><td></td><td></td><td></td></tr>
<tr><td>协作精神</td><td></td><td></td><td></td><td></td><td></td><td></td><td></td><td></td><td></td></tr>
<tr><td>纪律观念</td><td></td><td></td><td></td><td></td><td></td><td></td><td></td><td></td><td></td></tr>
<tr><td>表达能力</td><td></td><td></td><td></td><td></td><td></td><td></td><td></td><td></td><td></td></tr>
<tr><td>工作态度</td><td></td><td></td><td></td><td></td><td></td><td></td><td></td><td></td><td></td></tr>
<tr><td>安全意识</td><td></td><td></td><td></td><td></td><td></td><td></td><td></td><td></td><td></td></tr>
<tr><td>任务总体表现</td><td></td><td></td><td></td><td></td><td></td><td></td><td></td><td></td><td></td></tr>
<tr><td>小计</td><td colspan="3"></td><td colspan="3"></td><td colspan="3"></td></tr>
<tr><td>总评</td><td colspan="9"></td></tr>
</table>

任课教师：＿＿＿＿　　年　　月　　日

附　录

附表 1

交接班记录

设备名称：　　　　　　设备编号：　　　　　　使用班组：

项目	交接机床	交接工、量、刃具			交接图样	交接材料	交接成品件	交接半成品件	工艺技术交流
数量、使用情况（交班人填）									
交班人									
接班人									
日期									

附表 2

设备日常保养记录卡

设备名称：　　设备编号：　　使用部门：　　保养年月：　　存档编码：

日期 保养内容	1	2	3	4	5	6	7	8	9	10	11	12	13	14	15	16	17	18	19	20	21	22	23	24	25	26	27	28	29	30	31
环境卫生																															
机身整洁																															
加油润滑																															
工具整齐																															
电器损坏																															
机械损坏																															
保养人																															
机械异常备注																															

审核人：　　　　年　月　日

注：保养后，用“√”表示日保；“△”表示周保；“○”表示月保；“Y”表示一级保养；“×”表示有损坏或异常现象，应在“机械异常备注”栏予以记录。